INTERNET
of THINGS

IoT技術テキスト 基礎編 改訂2版

[MCPC IoTシステム技術検定基礎対応] 公式ガイド

MCPC モバイルコンピューティング推進コンソーシアム［監修］

インプレス

インプレスの書籍ホームページ

書籍の新刊や正誤表など最新情報を随時更新しております。

https://book.impress.co.jp/

・本書は、MCPC IoT システム技術検定基礎対策用の教材です。監修者、執筆者、株式会社インプレスは本書の使用による合格を保証するものではありません。

・本書の内容については正確な記述につとめましたが、監修者、執筆者、株式会社インプレスは本書の内容に基づくいかなる試験の結果にも一切責任を負いかねますので、あらかじめご了承ください。

・本書の内容は 2020 年 4 月時点の情報です。

巻頭言（発刊に当たって）

近年、IoTシステムを活用して産業分野における生産性の向上、業務の効率化、サービス品質の向上や、社会インフラの安全確保などが進展しています。IoTは各種センサやスマートフォンなどから収集したデータの加工・分析などによって、製造業における設備の故障予測、製品品質の確保、農業の近代化や農作物の収量増、環境の管理、医療画像の処理、判断などさまざまな分野に適用されつつあります。一方で、遊休の資産をシェアして効率的に活用するシェアリングエコノミーなどの新たなビジネススタイルも生まれています。

このようにIoTをうまく活用してシステム構築するためには、IoTの捉え方を明確に理解し、IoT全体を俯瞰できる幅広い技術を習得することが重要です。また、このような技術の幅、広範な知識を有する人材が多くの職場で求められています。

本テキストは、IoTの要素技術とAI（人工知能）、BD（ビッグデータ）の関係を理解し、どのような技術が重要であり、どのようにIoTシステムの設計、構築、運用を行えばよいのかといったIoTの基礎技術、知識を習得できることを目的としています。IoTへの取り組みを成功に導くための第一歩として、本テキストにより、基礎的な用語の理解、IoTに必要な一連の技術、知識の習得が必要と考えています。

また、本書学習後は、理解度確認のためにも『IoTシステム技術検定－基礎－』を受検されることをおすすめします。

MCPC（モバイルコンピューティング推進コンソーシアム）では、2005年より「モバイルシステム技術」の3種類の技術テキストを発刊・更新し、モバイル技術検定を実施してきました。このモバイル技術検定制度は、多くの企業や大学から取得推奨資格として認定いただき、多数の方々（累計76,000人：2020年4月現在）が受検されました。IoTシステム技術検定におきましても、無線技術、モバイルシステム技術の活用についての技術習得は必須であり、「IoTシステム技術検定」と「モバイルシステム技術検定」は姉妹資格となっています。

本テキストでは、IoTシステムを検討するに当たっての、基礎技術となる内容が網羅されています。また、IoTシステム構築のための基礎技術習得に加えて、IoTを活用して新分野への進出や適応を検討しているユーザ、IoTを客先に提案する営業・SE部門の方、あるいは、IoTへの取り組みを検討されている経営者の方など幅広く活用いただける内容となっています。IoTへの取り組みを始める第一歩のテキストとして本書を活用していただき、さらに、習得技術の確認として『IoTシステム技術検定－基礎－』を利用していただければと考えています。

最後に、本テキストの発刊に当たり、執筆、編集にご協力いただきました関係各位に感謝申し上げます。

2020年4月吉日

MCPC会長
東京大学名誉教授、早稲田大学名誉教授
安田　靖彦

目次

第3章 IoT デバイスを理解する 69

第4章 IoT 応用システムを理解する 111

「MCPC IoTシステム技術検定」について

■ MCPC IoTシステム技術検定の背景

「MCPC IoTシステム技術検定」は、MCPC（モバイルコンピューティング推進コンソーシアム）がIoT技術者育成を目的として実施する検定です。MCPCは、モバイルコンピューティングの普及促進を目的に1997年に設立され、この分野における普及促進活動、技術標準化活動、人材育成活動を中心に活動を行ってきました。

■ MCPC IoTシステム技術検定の狙い

「MCPC IoTシステム技術検定」は、IoTを活用して新たなサービスやビジネスを創出する方々のための資格制度です。対象としては、IT／ICT業界はもとより、製造業、医療、農業、建築・土木業、流通業、交通、金融などあらゆる産業にわたって、技術者をはじめとした幅広い職種の方々を対象としています。本検定では、センサ／アクチュエータ、通信技術、データ分析技術、セキュリティ対策などの、IoT導入・構築・活用に当たっての共通、かつ必須の技術を取り上げています。

また、IoTを活用するために必要な技術、知識の範囲を、基礎／中級／上級の3段階に分けて明示することにより、検定を通じてステップアップでき、計画的、段階的に人材を育成することを狙いとしています。また、IoT導入側、提供側などの立場に応じた人材の育成に活用いただけます。

■ MCPC IoTシステム技術検定の体系

「MCPC IoTシステム技術検定」は、基礎、中級、上級の3段階で構成されます。各検定のレベルに応じた習得技術の内容、習得した技術により実務に適用できる技術レベルを表1に示します。MCPCでは、IoTシステム事例集、各種講習会・セミナーを通して、継続的に関連情報を提供しています。

検定の種類		習得技術の内容	実務に適用できる習得技術のレベル
基礎	IoTに関する基礎知識を保有していることを認定	IoTに関する基礎用語の理解、IoTシステム構築、各構成要素の概要を理解	IoTシステム全体の構成、用語を理解でき、IoTに取り込むことができるレベル
中級	IoTシステム構築に取り込むための基本技術を保持していることを認定	IoTを活用できる仕組みの理解、IoTシステム構築に関する基本技術の習得	IoTシステム全体を俯瞰できる技術を有し、IoTシステムの基本設計、システム提案ができるレベル
上級	高度なIoTシステム構築技術、実践的な専門技術を保持していることを認定	IoTシステム構築・活用技術に関し、実践的で高度な専門技術を取得	IoTにより新たな価値を引き出す構想・企画の立案ができ、IoTをサービスに結び付けられるレベル

表1　MCPC IoTシステム技術検定の種類とその概要

■検定試験の情報

IoTシステム技術検定の詳細については、下記URLを参照してください。

http://www.mcpc-jp.org/iotkentei/

第1章

IoT の概要を知る

モノとインターネットをつないでさまざまなサービスを提供する IoT（Internet of Things）の実システムへの展開が進んでいます。IoT では、各種センサなどから集めたデータをクラウド上のサーバにビッグデータとして蓄積します。このビッグデータを使って機械学習などの分析ソフトが学習し、データの分類やデータ分析による予測などのサービスを提供するモデルを構築することができます。

本章では、IoT と、ビッグデータ／人工知能との関係を明確にし、収集されたデータがどのような処理フローを経て、サービスに結び付けることができる仕組みを理解します。

IoT システムの例として、ドイツが提唱している第 4 次産業革命、製造業における IoT、また、新たな事業分野を創出したシェアリングエコノミーの例として、Uber や Airbnb などを取り上げて、その仕組みを説明します。

1-1 IoTの本質とは
IoTの捉え方とビジネスへの展開

あらゆるモノをインターネットにつなげることにより、新たな価値の創出を図るIoT（Internet of Things）が広まっています。IoTにはいろいろな解釈や考え方があり、IoTへの取り組み方もさまざまですが、IoTの本質を見極め、効果的にIoTを活用することが重要です。IoTを活用して、産業構造、企業の仕組み、個人のライフスタイルなどを大きな変革に導く可能性も高まってきます。本節では、IoTを取り巻く大きな流れを捉えて、IoTを効率良く活用するための基本的な考え方を概観します。

IoT出現の背景

AI（Artificial Intelligence：人工知能）がいろいろな場面で活躍しています。AIによる機械翻訳、画像検索や、音声認識による音声アシスタントなどの便利なツールが身の回りにあふれています。AIの歴史は古く、現在、第3次AIブームといわれています。

第1次AIブームは、1960年代に起こりました。人間の脳の機能をコンピュータで実現しようという試みでしたが、期待に応えられず低迷します。いったん低迷したAIブームは、1980年代のエキスパートシステムを中心とした第2次AIブームで再び盛り上がります。エキスパートシステムは専門家の知識を基に推論計算により問題解決しようというアプローチでした。しかし、人間の知識のデジタル化の困難さ、コンピュータ処理能力の不足などもあり大きな進展は望めませんでした。その後、2012年にコンピュータで画像認識をする国際コンペティションで、カナダのトロント大学のチームが深層学習（ディープラーニング）を使って圧倒的な認識率を達成し、これが転換点となって第3次AIブームを迎えています。第3次AIブームでは、クラウド環境でのコンピューティングの進展や、ビッグデータにより大規模なデータを学習データとして使用できる環境が整ったことも、AIがブレークした要因として挙げられます。

このようなAIの展開を契機として、今、さまざまな分野でビジネスモデルが変わろうとしている変節点にあるといえ、世界規模でのIoTの推進、各企業のIoTへの取り組みの強化、IoTを生かした新たな技術やアイデアなどが、超高速で展開しています。

IoT・BD・AIの関係

IoTに関連する重要な要素として、BD（Big Data：ビッグデータ）、AIがあります。これらの関係はどうなっているのでしょうか。その関係を図1-1-1に示します。IoT、BD、AIは以下のような相互の関係を持ちながら、高速に成長していると考えることができます。

① IoTでセンサからの大量のデータを集めることが容易にできるようになりました。また、スマートフォンなどを使用してSNSや画像共有サイトなどによりWeb上に画像、音声、テキストなど、大量のデータが氾濫し、またそれらの保管、加工などができる技術や環境が整ってきています。

② IoTで集められた大量のデータは、コンピュータの処理能力の飛躍的な向上、仮想化技術などの技術的な進歩、画像や音声などの非構造化データを扱えるデータベース技術などを背景として、BDを扱えるようになりました。一方、AI分析、特に機械学習においては大量のデータを必要とします。クラウド上のBDを活用してAI分析（機械学習）は急速に学習能力を高めています。

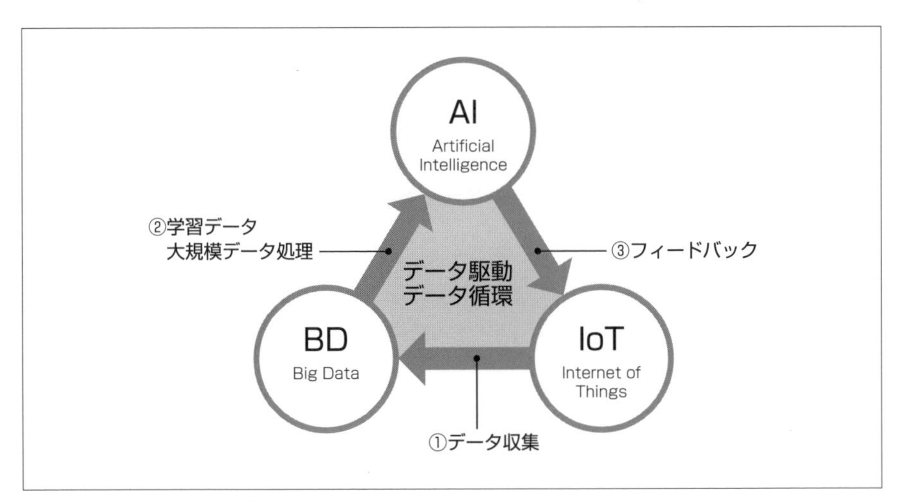

図1-1-1　IoT・BD・AIの関係

③ AIで分析されたデータは、IoTを構成するロボットの駆動や、欲しい情報・予測値などの情報をIoTにフィードバックします。フィードバックすることにより、さらに精度の良いデータを効率良く収集できます。

このようなIoT、BD、AIのサイクルは、収集したデータを「価値あるデータ（情報）」に変換する仕組みであり、データを価値に変えるデータ循環、データ駆動によるモデルといえます。

IoTのビジネスへの展開

図1-1-1に示したIoT、BD、AIのデータ循環だけではマネタイズするのが困難です。この循環から得られる価値あるデータをうまくマネタイズする必要があります。すなわち、図1-1-2の④に示すように、AI分析で得られた価値を、予測情報や製品の付加サービス、あるいは新たなサービスとして提供できる形にする仕組みを構築する必要があります。

また、サービスを活用するには、図1-1-2の⑤に示すように、IoTシステムのコンピューティング環境が必要であったり、欲しい情報をいつでも参照できるモバイル環境、スマートデバイス等を活用することにより、IoTシステムの価値を享受することが可能になります。

本書では、図1-1-2に示す広い意味でのIoTを捉えて、IoTシステムを効果的に構築し、運用するための要素技術、構築技術、運用方法などについて解説します。

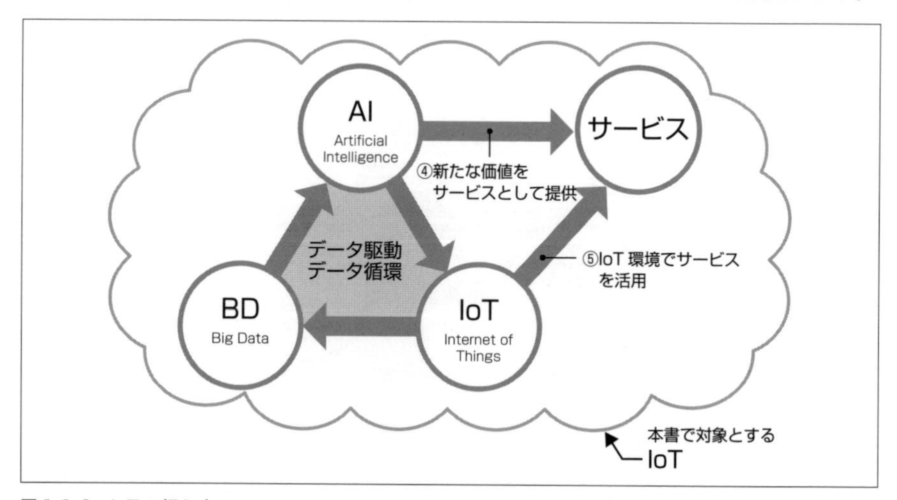

図1-1-2　IoTの捉え方

IoT標準化

IoTのビジネスへの展開の際には、相互接続保障のために標準化が重要になります。

IoTは多くの異業種にまたがっています。1つの業種ではIoTの真の価値を創出することは難しく、異業種間の組み合わせによって、新しいサービスが創出されます。異業種間の連携には、標準化による共通のプラットフォームの構築が重要になります。また、製品の普及には規格化および標準化が必須条件になります。

IoTのシステムは、総務省から公開された「IoT/M2M技術標準化、業界アライアンス最新動向」によると、表1-1-3に示す5階層で構成されています。それぞれの階層には多くの業界アライアンス団体が存在し、互いに競合および協力関係にあります。

階層構造	内容	団体
アプリケーション層	業務アプリケーションでデータを活用	IIC、I4.0、DMDI、PHCA、IoT World Forum、NGM2M
プラットフォーム層	クラウドにデータを蓄積・解析	**oneM2M**、IEEE P2413、IEC/SG8、W3C、JTC1
広域ネットワーク層	クラウドとゲート間の通信	3GPP(MTC)、IETF、ITU-T/SG20、NW、グローバルアライアンス
狭域ネットワーク層	ゲートウェイとデバイス間の通信	IEEE802.11/15、IEEE1888、OMA、BBF、OSGi、HGI、IEC/TC65、ISO/TC184
デバイス層	センサノード・スマートデバイスからデータを取得	OCF、OIC、Thread、AIOTI、HomeKit、GSMA/eSIM、**LPWA**

表1-1-3 階層別の標準化団体および業界団体

IoTシステムは1つの業界アライアンスまたは団体による標準化は極めて難しく、水平階層に存在する業界アライアンスが統合する傾向があります。また、国家プロジェクトとして、官主導の下、国際間で協力し合う場合も増えています。IoTサービスとして、1つの国に限定せず、世界のどこからでも接続できる体制を整える意味での標準化になり、国家間の協力は重要となります。

1-2 付加価値の変遷
技術トレンド上にある IoT

IoT システムを構築するに当たっては、IoT 特有の仕組みやデータの効果的な使い方など留意する点はありますが、コンピュータシステムの構成という点では、特段 IoT だから従来のシステム構成とは異なっているということはありません。技術トレンドに沿って、その時々で活用できる技術を組み合わせることにより、最適なシステムやサービスを提供することが重要であり、IoT においても 1-1 節で述べたように幅広い視点で技術のトレンドを見極め、サービスに結び付けることが重要となります。本節では、コンピュータ技術の付加価値がどう変遷してきたか、IoT では何を付加価値とするのかを見ていきます。

付加価値はどこにあるか？

コンピュータ技術により提供される付加価値は、図1-2-1に示すように技術の進歩に合わせて変遷してきました。コンピュータが登場した時点では、コンピュータのハードウェアそのものが高額なこともありハードウェア（H/W）中心、中央集中処理が中心でした。次に処理の分散を図ったC/S（クライアント／サーバ）システムでオープン化に向かい、1990年代半ばより一般ユーザに広まったインターネットの普及、そして、2000年代はユビキタスコンピューティングの考え方に基づき、スマートデバイス等によるモバイルコンピューティング環境が整いました。2010年代になり、M2M※1、CPS※2などのキーワードに代表されるデータ有効活用への流れを経て、今IoTの時代を迎えています。

M2Mは、人間の介在なしに機械同士が通信し合って自律的に制御するシステムのことをいいます。必ずしもインターネットを前提としているわけではありません。一方、IoTはオープンを特色とするインターネットを介してあらゆるモノがクラウドに接続され、モノから収集したデータを分析して活用する仕組みといえます。またCPSは、クラウド等の上に構築された仮想的な空間（Cyber）と、工場などの現実の空間（Physical）とを、データを循環させて効果的に融合させる仕組みといえます。

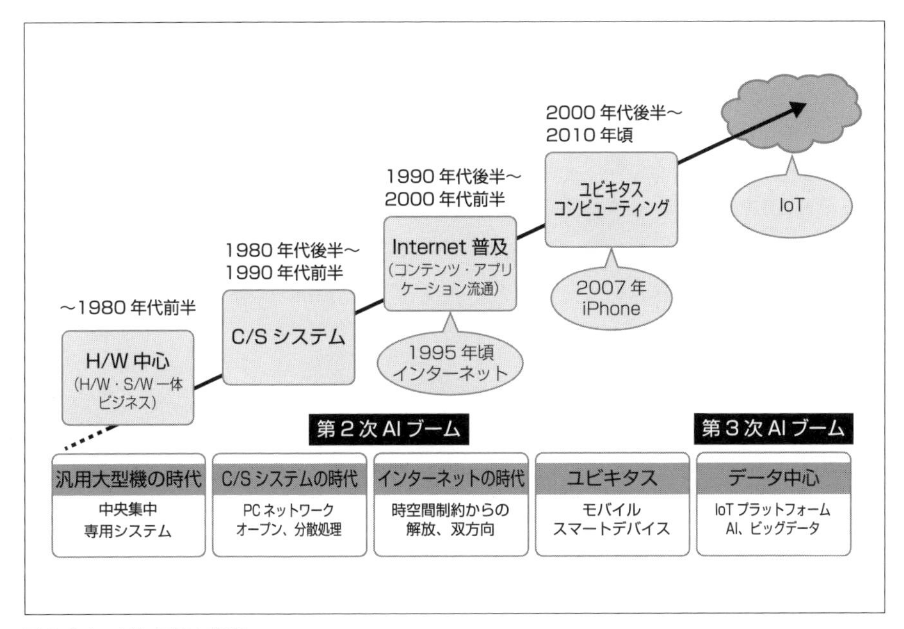

図 1-2-1 付加価値の変遷

革新的ブレークスルー

技術トレンドにおいては、新規の技術、新しいビジネスモデルなどが引き起こす革新的なブレークスルーにより、技術の流れが大きく変わります。例えば、革新的なブレークスルーとして次のようなものがあります。

①インターネットの普及

古くは軍事目的で生まれたインターネットは、1995年のMicrosoft Windows 95の発売などを契機に企業内での使用だけでなく一般ユーザにも広まり、データの取り扱いにおける時空間の制約から解放したといえます。また、双方向の通信ができることにより応用分野も広がりました。

※ 1 **「M2M」**：「Machine To Machine」の略。機械と機械が通信し、自律的に制御を行うシステム。
※ 2 **「CPS」**：「Cyber Physical System」の略。仮想空間と実空間を融合してデータを有効活用できる仕組み

②スマートフォンの普及

2007年にAppleから発売されたiPhoneは、生活スタイル、ビジネススタイルを大きく変え、社会へ大きなインパクトを与えました。「いつでも、どこでも」使えるコンピューティング環境により、それまでの業界の枠組みを超えて新規のビジネスモデルが生まれています。例えば、コンパクトデジカメ、ビデオカメラ、ゲーム機、カーナビ、POSレジ、電子書籍リーダーなどの機器が、スマートフォンで代替できるようになり、業界を越えて機器の統廃合、業界間の技術やデータの新たな組み合わせによる動きが活発化しています。

③第3次AIブームとIoTによるビジネスモデルの変革

上記のインターネット技術やスマートフォンの普及と、さらに、高度化が進む機械学習などのAI技術、小型化・低価格化が進むセンサ技術などを背景として、ビジネスモデルの変革が加速されています。また、世界規模を前提としたマーケットと、国境を越えた大規模データの収集が可能になったことも、変革加速の要因の1つと考えられます。

IoTにおける付加価値とは?

コンピュータ処理能力の向上、機械学習などのAI分析環境の充実、サーバ仮想化技術、ネットワーク仮想化技術、分散処理技術、センサ技術の進展などにより、さまざまなデータの扱いが容易となり、データに価値を付加することが容易にできる時代となっています。さらに、大量のデータを基にデータを有価値化するIoTが産業の構造を変えようとしています。

IoTに取り組むに当たっては、業界、分野をまたがった技術やデータの組み合わせにより新たな価値を創出できることから、幅広い技術、知識に基づく組み合わせ技術が必要であること。また、技術のライフサイクルが短くなっていることから、技術トレンドの変化を素早く読み取り、新たなサービスに結び付けることが重要となっています。

1-3 IoT システムの仕組み

データの価値を最大限に引き出す IoT の仕組み

IoT システムでは、データをうまく活用することがシステムを効果的に稼働させるための鍵の 1 つとなっています。本節では、IoT を使ってビジネスを展開するに当たっての基本的な仕組みについて解説します。基本は、データをどのような処理の流れの中で効率良く扱い、価値あるデータに変えていくかという点です。

データ中心の IoT システム

基本的なIoTシステムの構成は、現実の世界から収集したさまざまなデータを、クラウド上のサイバー空間に保管、蓄積して分析し、分析結果を現実の世界にフィードバックするCPS構成をしています。この現実の世界とサイバー空間の関係を示したのが図1-3-1です。この両者の橋渡しをするのが、図に示すデータゲートウェイ（データの通り道）となります。IoTでは、データを中心にしたデータ駆動型のシステム構成が基本となり、データを効率良く収集することが必要です。効率良くデータを収集するために、図に示すように、例えば、工場内の機械に取り付けられたセンサ、スマートフォン、車などの現実世界からのデータを集約して、クラウドにデータを上げるデータのゲートウェイが重要になります。

各分野のデータを大量に収集し、分析結果をサービスに変える仕組みはいろいろあります。収集するデータの種類は、例えば、購買履歴、映像データ、テキスト、Webの閲覧履歴などさまざまな分野におよんでいます。収集されたこれら大規模データを分析することにより、商品のおすすめ情報を提供したり、画像検索や個人向けの広告を出したりすることが可能となっています。

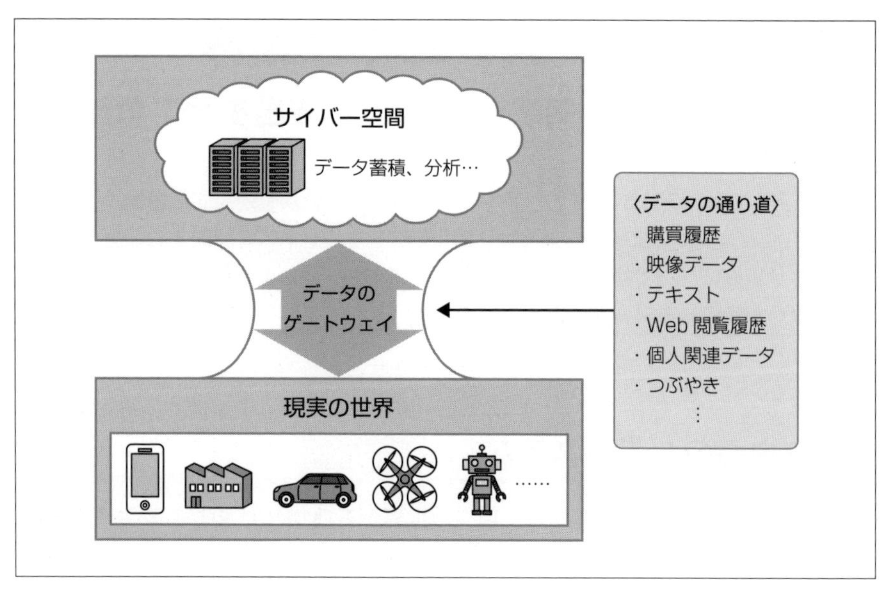

図1-3-1　現実の世界とサイバー空間

データ循環の仕組み

IoTシステムにおけるデータの流れを図1-3-2に示します。センサなどにより収集されたデータは、ゲートウェイを経由してクラウド上のサーバに送られます。サーバではAI分析ツールなどを使って受け取ったデータの分析処理を行い、分析結果をゲートウェイ経由でアクチュエータなどにフィードバックします。このようにデータ駆動による循環システムを構築することにより、IoTシステムから得られるデータを価値あるデータに変換してサービスを提供しています。

データをうまく循環させて、データの有価値化に結び付けるIoTシステムを構築するためには、センサ・アクチュエータとサーバ・クラウド間でのデータのスムーズな連携ができるシステムを構築する必要があります。また、両者を結び付けるゲートウェイも重要な役割があり、効率の良い通信方式の選択や、システムに適したデータ形式の選択を行う必要があります。さらに、システム全体を見た場合には、データの安全を保障する仕組みやセキュリティ対策を随所に講じる必要もあります。

IoTシステムの設計に当たっては、データから価値を引き出すために最適な仕組みと、その仕組みを安全に稼働させるためのシステム全体を見渡すことのできる知識、技術が求められます。

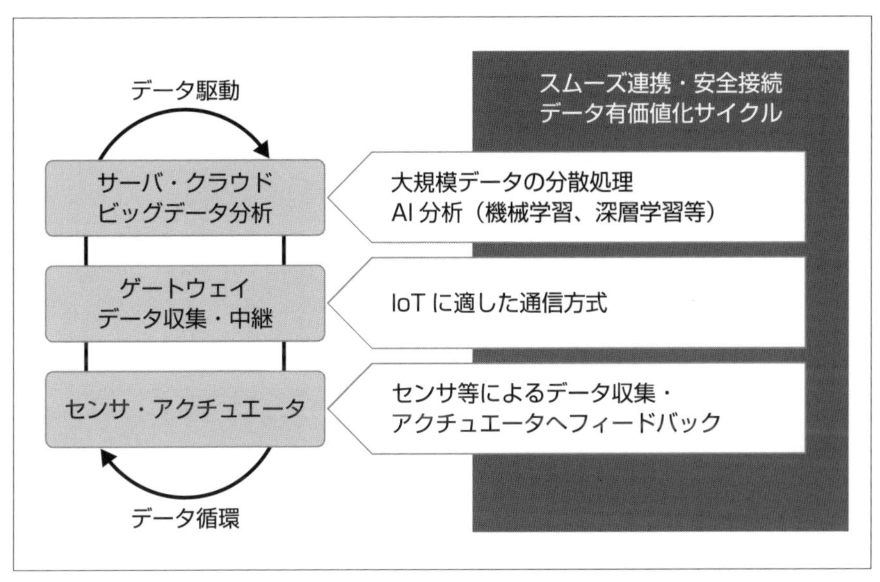

図 1-3-2　IoT システムの仕組み

1-4 IoTシステム構成
IoTシステムを構成する基本要素

本節では、標準的なIoTシステムの物理的な構成について説明します。IoTシステムを構成する主要な構成要素の役割と具体的な構成例を見ていきます。

IoTシステム構成

標準的なIoTシステムの構成を図1-4-1に示します。基本は、IoTデバイス、IoTゲートウェイ、IoTサーバの3つの要素より構成されます。IoTデバイスでセンサデータなどを収集し、そのデータを使ってクラウド上のIoTサーバでデータ蓄積、分析などを行います。分析の結果から得られたデータはIoTデバイスにフィードバックし活用します。IoTシステムをCPSに対応して考えると、IoTデバイスが「現実の世界」、IoTサーバ／クラウドが「仮想的な空間」に相当します。この中間に位置するのがIoTゲートウェイです。ゲートウェイは必ずしも必要ではなく、システムの構成、データのトラフィック量、データ集配信の間隔などにより、使用するかどうかを判断します。IoTゲートウェイが有効なのは、例えば、センサから送られてくるデータを都度サーバに送信するのではなく、いったんゲートウェイに蓄積しておき、まとめて送信する場合などに有効に働きます。

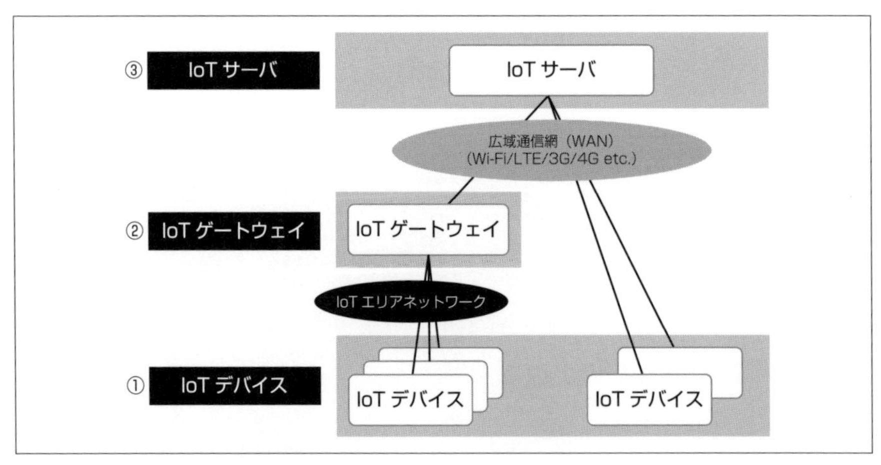

図1-4-1　標準的なIoTシステム構成

本書では、図1-4-1の構成要素を次のように定義し、以降の節で説明します。

① IoTデバイス

IoTデバイスの基本構成は、センサ、アクチュエータ、あるいはその両者および通信モジュールが一体となって構成されたデバイスです。センサは現実世界のデータ（定型データ）を収集する役目を持っています。スマートフォンなどを使ったSNSなどのクラウド上のデータ（非定型データ）も、センサデータと同等に扱っています。アクチュエータは駆動部であり、サーバなどからの指示に従い動作します。ロボットやドローンのイメージです。IoTデバイスについては、第3章で詳しく解説します。

② IoTゲートウェイ

IoTゲートウェイはIoTデバイスからのデータをIoTサーバに送信したり、逆にIoTサーバからIoTデバイスへのデータを中継処理したりします。具体的には、例えば家庭内のスマート家電を制御するホームゲートウェイ、独居老人を遠隔見守りするための各種センサを制御するゲートウェイなどがあります。ネットワーク機能を含めて、1-6節、第5章のIoT通信方式で解説します。

③ IoTサーバ

収集したデータをクラウド上に蓄積・保管し、加工、分析するのがIoTサーバです。本書では、物理的なクラウド上のサーバ環境と、機能的な処理環境を含めてIoTサーバとして捉えます。第6章のIoTデータ活用で主要な分析手法を解説します。

IoTシステムの構成例

具体的なIoTシステム構成例として、図1-4-2の温度センサを用いた簡単な温度制御システムの構成例を示します。IoTデバイスのセンサ機能により得られた温度データについてIoTゲートウェイを経由してIoTサーバに送り、クラウド上の温度制御アプリケーションが温度設定値を変更する場合には、逆のルートを通って新たに設定する温度をIoTデバイスの温度制御機器に送信します。

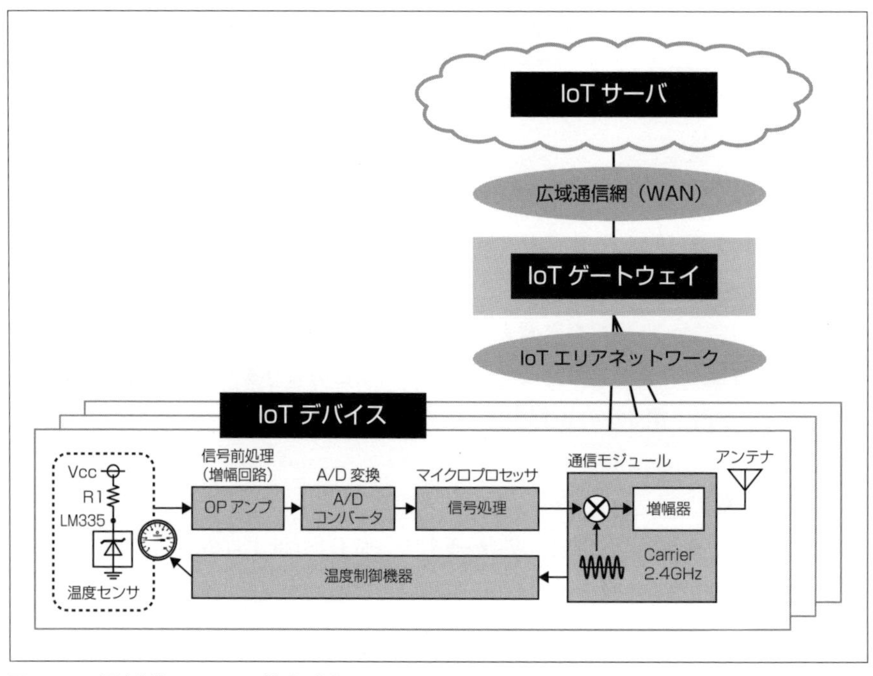

図1-4-2 温度制御のシステム構成（例）

1-5 クラウドコンピューティングとは

IoT 展開に必須のクラウド環境

IoT におけるコンピューティングのスタイルは、クラウドコンピューティングとエッジコンピューティングの 2 つに大別することができます。本節では、TCO（システムの総所有コスト）削減、災害対策などを目的に、コンピュータシステムの「所有」から「利用」への移行が進むクラウドコンピューティングについて見ていきます。

クラウドの種類

企業の情報システムを社内からクラウドに移行することにより、開発コストの削減、開発期間の短縮、開発環境調達リードタイムの大幅な短縮などが期待できます。さらに、IoTシステムのプロトタイピング（試作モデル）開発環境をクラウド上で構築、利用することにより、IoTシステムのサービス開始までのスピードアップを図ることも可能となります。クラウド技術の進展による処理能力の向上や、IoTで集められた大量のデータ活用がAIの発展に寄与したことは1-1節で述べた通りであり、クラウドの果たす役割は大きいといえます。

クラウドの種類として、パブリッククラウドとプライベートクラウドがあります。パブリッククラウドは、不特定多数のユーザにインターネットを通じてサービスを提供します。パブリッククラウドでは、サーバ、OS、回線など全ての環境をユーザ全体で共有して使用します。

一方、プライベートクラウドは、1つの企業のためにクラウド環境を専用に構築するサービスです。使用する企業は、借りたリソースを効率良く社内ユーザに割り当てて共有することができます。これに対し、サーバを独自に所有してクラウド環境を利用する方法をオンプレミスと呼び、サーバや設置場所は自社のネットワーク内に構築します。オンプレミスは高度な信頼性要件が求められる場合などに適用されます。

クラウドコンピューティングの形態

クラウドコンピューティングは、利用形態によりいくつかのタイプに分類されます。主な利用形態を図1-5-1に示します。インターネットを介してコンピューティング環境のH/Wやインフラ部分を提供するサービスを、IaaS（Infrastructure as a Service）、またはHaaS（Hardware as a Service）と呼びます。IaaSではサーバ仮想化や共有ディスクなどのサービスが提供され、リソースを気にせずにコンピュータ処理が可能です。IaaSの上の階層として、PaaS（Platform as a Service）があります。PaaSでは、仮想化されたアプリケーションサーバやデータベースなどが提供され、その上で独自のアプリケーションを稼働させることができます。さらにその上の階層として、SaaS（Software as a Service）があります。SaaSは、インターネット経由でWebメールやグループウェアなどのソフトウェア機能の提供を行います。

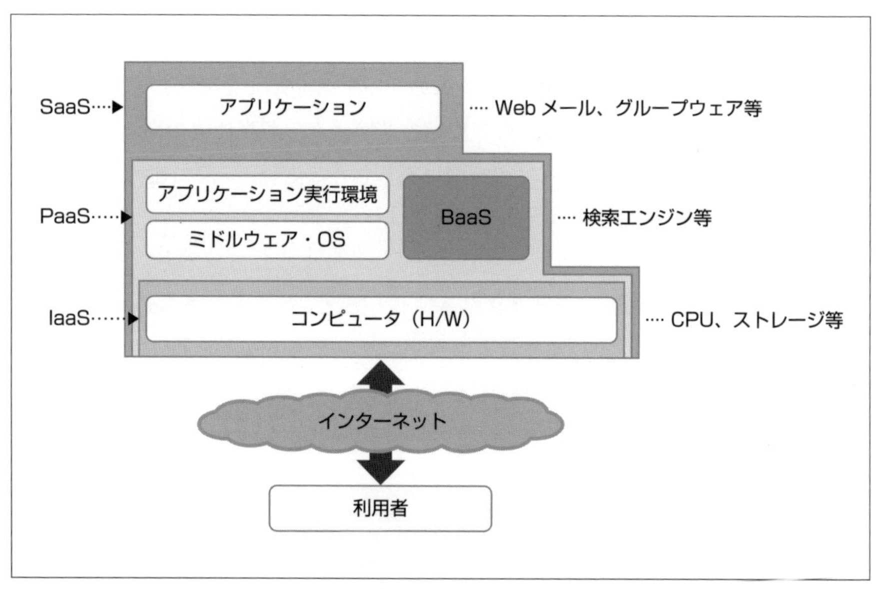

図1-5-1　クラウドコンピューティングの主な利用形態

BaaSの例

PaaSのアプリケーション開発・実行環境を活用したBaaS（Backend as a Service）があります。BaaSは、スマートデバイスのバックエンド側の標準的な機能を提供し、スマートフォンやタブレットなどのスマートデバイス用アプリケーション開発をサポートするクラウド環境です。例えば、スマートデバイスの運用に必須なユーザ管理と認証、ロケーション管理機能、プッシュ通知などの機能を標準的に使用でき、ユーザは図1-5-2に示すように、自分のアプリケーション開発に専念できます。BaaSの位置付けは、図1-5-1に示すように、PaaSの階層に相当します。

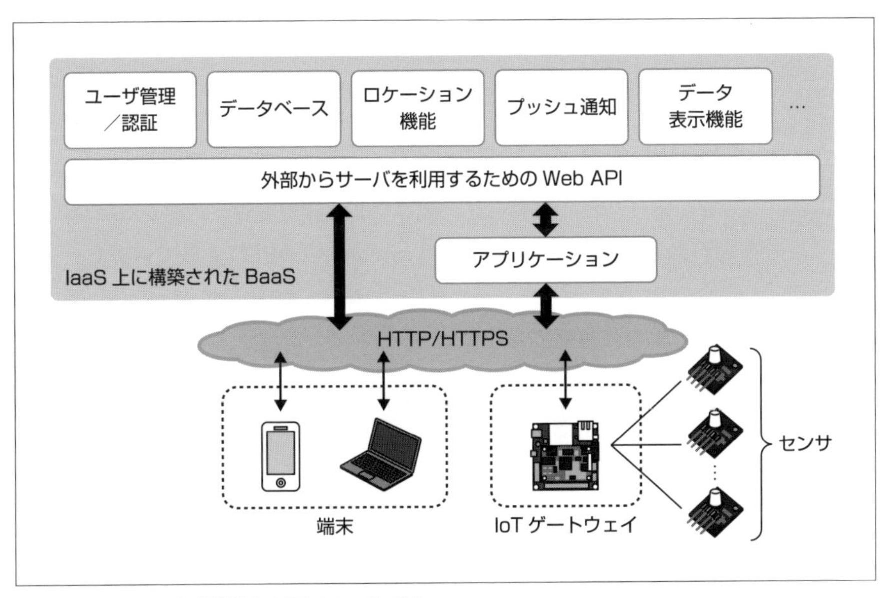

図 1-5-2　BaaS の提供機能と利用イメージ（例）

1-6 エッジコンピューティングとは
クラウド機能を分担するエッジ機能

コンピューティングスタイルには、クラウド上で全て処理したり、クラウドの周辺部分にサーバを配置してアプリケーションを処理したり、ゲートウェイでアプリケーションを実行したりするタイプなど、さまざまなスタイルがあります。本節では、中央集中型でデータ処理する形態のクラウドコンピューティングに対し、データ発生源の近くに分散配置したエッジサーバ、制御機器、モバイル機器などで処理する方式であるエッジコンピューティングについて、その出現の背景や役割を見ていきます。

エッジコンピューティング出現の背景

IoTデバイスで収集した全てのデータをクラウドだけで保管、処理する場合には、次のような課題があるため、エッジコンピューティングが注目されています。

・「通信データ量の増大に対処できない」

動画データなど大容量のデータが急増しており、全てのデータをクラウド上のサーバに送信するには、通信速度や通信コストがボトルネック（制約要因）になる懸念があります。

・「IoTデータを全てクラウド上のサーバに保管するには量的に限界がある」

街中に設置された監視カメラの生画像データや、IoTデバイスから収集したデータを全てクラウド上のサーバに保管するには物理的にも経済的にも限界があります。また、このような大量のデータは通信トラフィック（通信量）の問題にも影響してきます。

このような課題に対処する方法として、データ発生源の近くで処理できる内容はエッジ（ネットワークユーザ側の「端」）で処理するエッジコンピューティングが注目されています。

エッジコンピューティングの役割

エッジコンピューティングの主な役割を図1-6-1に示します。エッジコンピューティングの主な役割は以下の通りです。

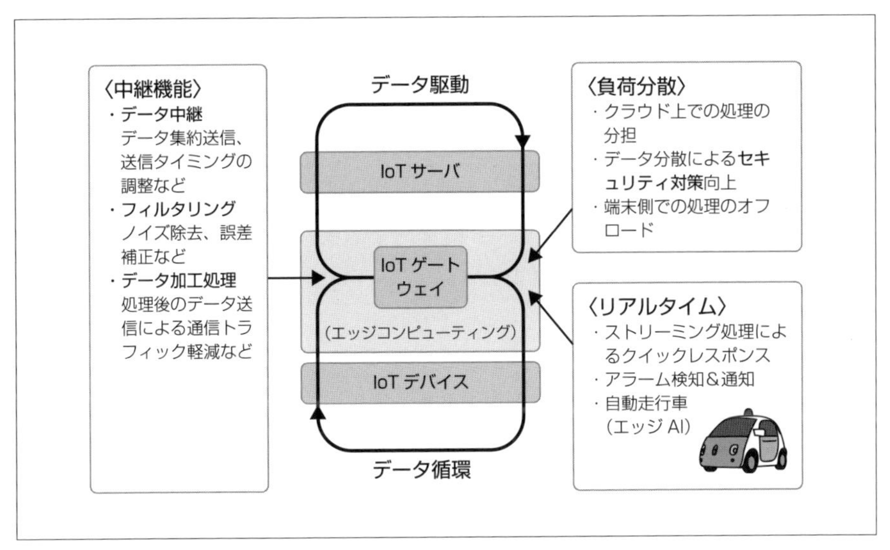

図1-6-1　エッジコンピューティングの役割

①中継機能（ゲートウェイ機能）

IoTデバイスとIoTサーバのデータ送受信の中継機能を担うのがゲートウェイ（GW）です。IoTデバイスからのデータをそのまま加工せずにIoTサーバに送信するのが最も簡単な処理ですが、実際には無駄なデータ、ノイズなどが混じっており、GWでデータ加工処理や、フィルタリング、送信方法の調整などを行います。

②負荷分散

マイクロコンピュータの高性能化やソフトウェアの処理の高度化により、エッジコンピュータでの処理の能力が向上し、クラウドでの処理を分担したり、IoTデバイスからのオフロード（負荷の軽減）に対応することが可能となっています。

③リアルタイム／応答性

IoTサーバで動作するアプリケーションの多くがクラウドへ移行したことに伴い、サーバとの上り下り両方向の通信が必要となり、リアルタイムな機器の制御や、インタラクティブの性能要求が増大しています。エッジコンピューティングにより、リアルタイム処理が可能なIoTシステム構成をしています。

今後の展開

ハードウェアの高性能化、ソフトウェアの高機能化・高速処理により、エッジコンピューティングを活用したサービスが増加すると考えられます。クラウド上での処理も必要であり両者が機能分担していくことが重要になります。機能分担としては、例えば次のようなものがあります。

・自動走行車

自動走行の制御はリアルタイム性能が必要なことから、自動車に搭載するエッジコンピュータの性能が重要となります。一方、交通渋滞情報などはクラウド上のアプリケーションより得ることになります。

・深層学習のアルゴリズムの構築と実行環境

多層構造のニューラルネットワークを使い学習する深層学習（ディープラーニング）では、予測や分類の処理をするためには、クラウド上での膨大な処理が必要ですが、学習が完了し実環境で使う場合には瞬時に動作する処理量で済み、エッジコンピュータ上で実行することが可能になります。

1-7 IoT システムのビジネス展開

IoT の各業界、各分野への展開

IoT 活用による業務改善や新規ビジネスモデルの創出は、全産業におよびます。IoT は、業界や分野をまたがって異業種間のサービスやデータをつなげることにより、新たな価値を創出するという特徴があり、業際をなくしたり、さらに、業界間の連携の垣根を低くするといった効果をもたらします。さらに、新たなセンサ技術や機械学習技術の進展により、産業界の構造を大きく変革する可能性を秘めています。本節では、IoT が各産業界にどのように影響をおよぼすかについて解説します。

業界をまたがって展開する IoT

従来は、産業分野ごとにそれぞれ固有のシステムが構築されており、特段の業界間の連携というような仕組みは存在しませんでした。ところが、IoTを契機に産業間の垣根が低くなり、業界をまたがっていかに効率が良く、かつ、ビジネス拡張や創出に結び付く組み合わせを素早く見付けられるかという競争が全世界的に展開されています。例えば、新しいアイデアから生まれたUber※1とかAirbnb※2といったビジネスモデルが典型例です。

業界をまたがって連携する概念を示したのが図1-7-1になります。業界間を連携するためには、核となる技術が必要となります。センサおよび組み込み技術、ネットワーク技術、特に無線通信技術、データを価値あるものに変えるデータ分析技術などのIoTのコア技術は必須であり、IoTシステムを構築する際の中核になっています。次に必要なのは、IoTのコア技術と、各業界間のシステムを連携するインタフェースです。すなわち、各業界の分野別システムが参加できる標準的なIoTインタフェース、IoTプラットフォームが重要となります。

※1「Uber」：個人の車を利用したタクシーの配車サービスを行う米国企業。詳しくは 2-8 節参照。
※2「Airbnb」：個人宅やマンションなどの部屋を観光客等に貸し出す米国企業。詳しくは 2-8 節参照。

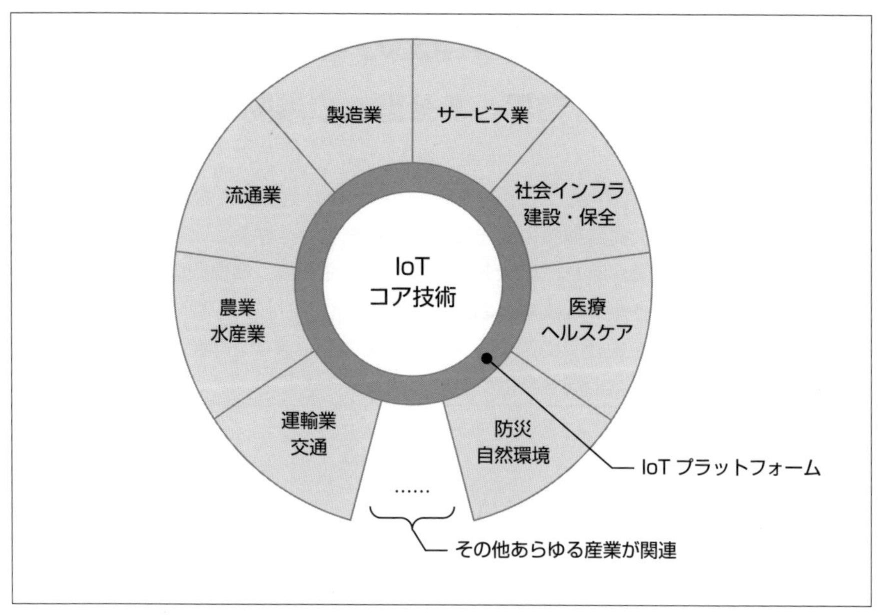

図 1-7-1　IoT のコア技術と連携する業界

IoT によるビジネスモデルの変革

IoTの考え方に基づく具体的なシステムの在り方については、1-1節で述べましたが、いかに効果的にサービスに結び付けるかという点が重要な課題になります。その実現のためのひな型のモデルの例を図1-7-2に示します。IoT、BD、AIをうまく連携して価値あるデータを引き出した後は、図1-7-2に示すように、カイゼンとイノベーションの2つの方向に大きく分けることができます。どちらも重要ですが、両者の性格は大きく異なっています。カイゼンは、いかに省力、省エネ、効率化などを狙って生産性を上げるかということに対し、イノベーションは新たなビジネスモデル創出による新事業創出、雇用創出にあるといえます。

IoTはこの両者をターゲットにできます。BDを基にしたAIは、故障予知や製造プロセスの効率化などのカイゼンに役立ちますが、さらに、深層学習※などにより新たなデータ、サービスの組み合わせによる新たなビジネスモデルにつながります。このようなIoTシステム構築のポイントとしては、適切なIoTプラットフォームの選択、業界間の相互接続を考慮したオープンなAPI（Application Program Interface）環境の構築、共通のデータ形式、安全・安心を保証するセキュリティ対策技術などが重要となります。以降の節では、カイゼンやイノベーションをもたらしたIoTの適用事例を見ていきます。

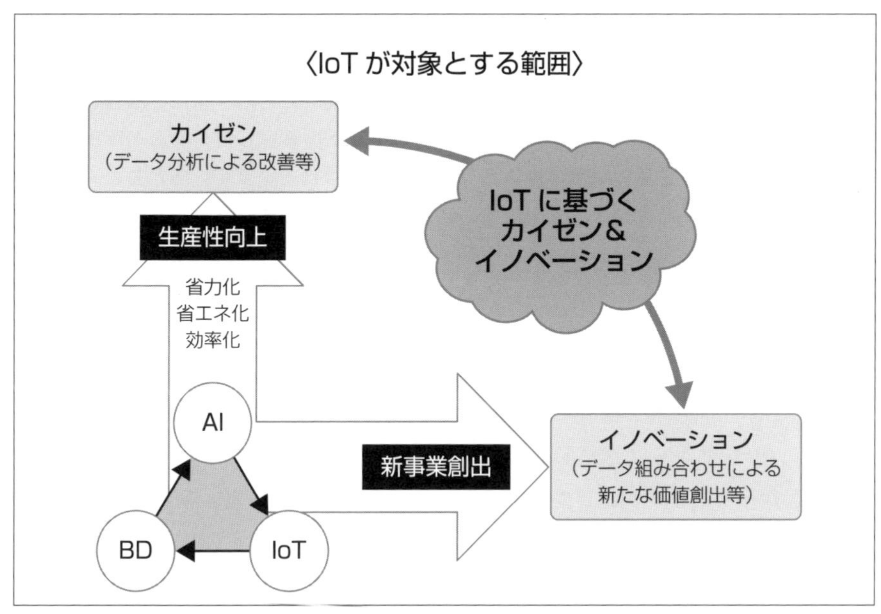

図1-7-2 IoTが狙うビジネスモデルの変革

※**「深層学習」**：ニューラルネットワークを多層にして学習する機械学習の一種。

1-8 IoT エコシステムとは
成長を続ける IoT エコシステム

IoT システムの特徴として、業界・業種、分野をまたがったデータやシステムの連携により新たな価値やサービスを創出できることが挙げられます。データやシステムを組み合わせて新たな価値を創出するための技術は、１社で全てに対応することは難しく、それぞれの業界・業種や分野の企業メンバーなどが集まって補完し合えることが重要となります。このような企業の集合体はエコシステムと呼ばれています。もともとエコシステムは動植物の循環系を指す言葉ですが、複数の企業間での依存、協調等の関係を構成する体系を表すのにも用いられます。本節では、IoT エコシステムを見ていきます。

IoT エコシステムによる価値共創

IoTは、センサからクラウド上の分析アプリケーションやサービス提供までの広い技術を対象としますが、ビジネスとしては製造から製品販売、保守運用、さらに流通、販売、工事なども必要になります。このような幅広い業種、分野からの参加が必要になることから、IoTにおける主導権を取るために世界的なコンソーシアムや仲間作りによるエコシステム作りが進んでいます。さまざまな業種を1つの共同体にするための仕組みとして、エコシステムを構築することは、IoTを加速して進めるのに有効な方式といえます。

エコシステムの構成にはさまざまな形態があります。IoTエコシステムの一例を図1-8-1に示します。まず、IoTエコシステムからどのような新たな価値を創出（共創）するかの目的を明確にします。目的を達成するための仮設設定、可能であれば実証実験を通してエコシステムの適合性の確認を行い、IoTエコシステムを設計、構築します。エコシステムの運用段階では、CPSのデータ循環（1-3節参照）の考え方に基づき、IoTで得られたデータを活用、分析、現行システムへ改善点をフィードバックします。

IoTエコシステムを構成するに当たっての留意点として、価値を共創する共同体の構成メンバーを選定することが重要となります。ユーザ視点からのエコシステムが目指すシステムの評価も必要であり、システムの利用者側のメンバー参加が重要となる場合もあります。また、IoTエコシステムの目的を明確にしておかないと、複数企業の集合体ですから、システム運用中での問題発生や軌道修正などが出てくる可能性もあります。

さらに、長期にわたってシステムを稼働させることから、プラットフォームの選定も重要であり、1つのプラットフォームにこだわらず、大小さまざまなプラットフォームが共存する場合も出てきます。システムの規模によりますが、収集するセンサデータの種類から、そのデータ分析に最適なツールの選定、システム構成などにより、各構成メンバーが役割を分担します。また、目的達成に向けた採用技術の選定、組み合わせを判断するためのIoT技術も必要となります。

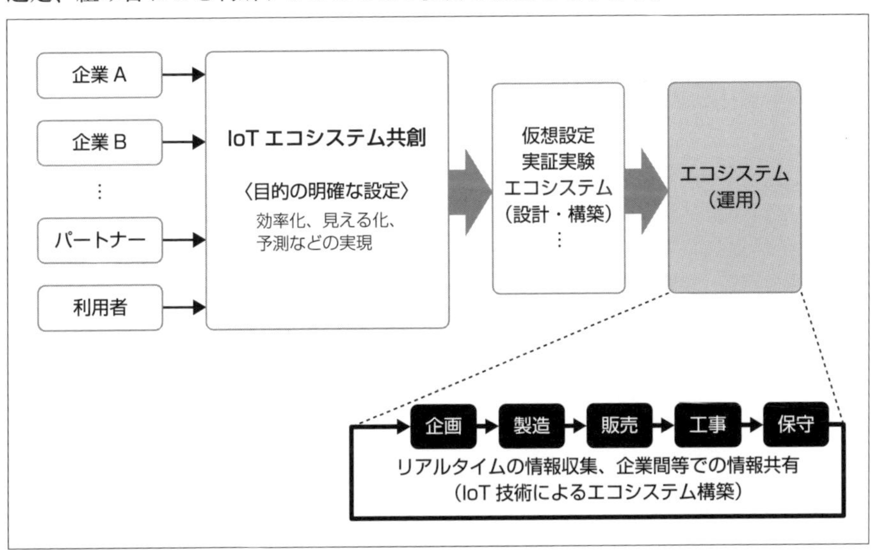

図 1-8-1　IoT エコシステム（例）

製造業における IoT エコシステム例

IoTエコシステムの例として製造業の場合を見てみます。製造分野ごとに多数のIoTエコシステムがありますが、ここでは、1つの工場に閉じたシステムと、外部の工場との連携や流通、販売などの他の業界・業種との連携を含めたシステムの2つに分けてシステム概要例を見ます。

図1-8-2の①は製品の企画立案から製造、販売、保守までの一連のプロセスからなり、部品メーカーや販売ディーラーなどとの連携、工場機器の故障予測などIoT

技術を活用します。②は、他工場との部品共有による連携、流通、設備工事など他業界とのエコシステムの形成などがあります。

IoTは全産業を巻き込み、社会構造、産業の仕組み、個人のライフスタイルを変革する可能性を持っています。さまざまな組み合わせや、アイデア次第で新たなビジネスモデルが誕生するIoTエコシステムは、継続してウォッチしていくことが重要です。

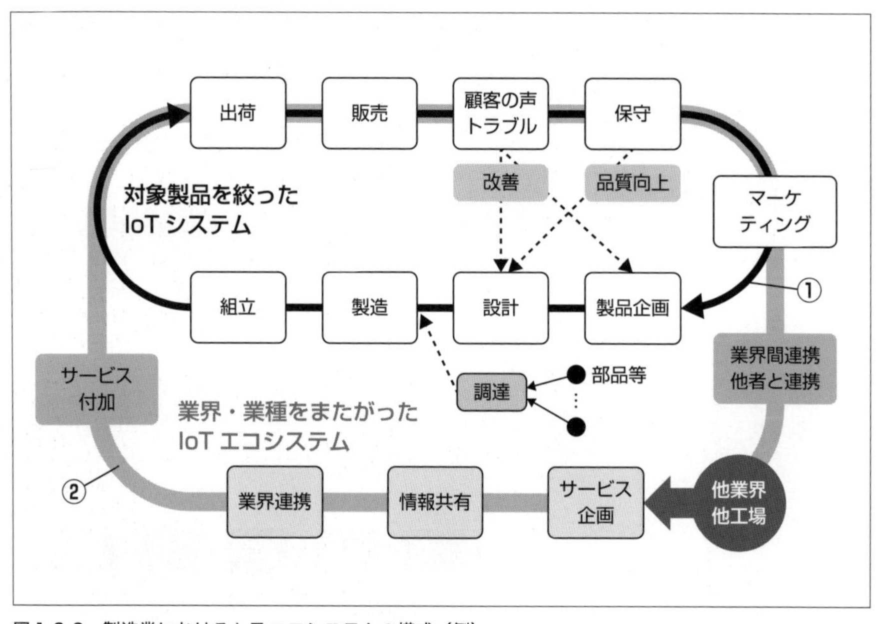

図1-8-2　製造業におけるIoTエコシステムの構成（例）

第2章

IoTのエコシステムを知る

IoTでは、業界、分野をまたがったデータやシステムの連携、組み合わせにより、新たなサービスや事業分野を創出することが可能です。そのためには、業界を超えて複数の企業メンバーが集まって補完し合うことが必要となります。このような集合体をエコシステムと呼びます。

本章では、IoTサービスの概要と全体像を概観し、エコシステムを構築するために必要な異業種間の連携や、業界を超えたIoTプラットフォームの例を説明します。また、相互接続のために必要な標準化動向について解説します。

2-1 IoTサービスの全体像
共通技術の有効活用とIoTサービス

IoTシステムはさまざまな分野（産業バーティカル）で利用されていますが、その利用目的や対象はそれぞれ異なります。初期のIoTシステムでは、全ての機能をそれぞれのIoTシステムが独自に構築していたため、構築費用などの面でIoT利用の障壁となっていました。実際には、図2-1-1に示したIoTサービスの俯瞰図のようにIoTサービスアプリケーションとデータ収集や制御の対象は異なりますが、その間に位置する機能にはIoTサービスアプリケーションに依存しない共通的な要素が数多く存在します。現在、これら共通的な要素をサービスとして提供するIoTサービス事業者が複数存在し、これらをうまく利用することにより、高品位なIoTサービスを早期に実現することが可能となっています。本項では、これらサービスの機能と利用する上での留意点を記します。

IoTサービスの階層

一般にIoTサービスは、図2-1-1に示すような階層に分けることができます。下記のうち、対象とIoTアプリケーションサービスの他は一般的なシステムと技術的な共通性が高いといえます。

①**対象**：データ収集や制御の対象で、一般にIoTサービスアプリケーションと対応付けられます。

②**エリア網**：上記の対象との接続を行うためのエリア限定のネットワーク、有線LANや無線LAN、Bluetoothなどが利用されます。

③**ゲートウェイ**：エリア網と広域網の接続のためにデータ集約や通信手順の変換を行います。

④**広域網**：有線網やセルラー網など広域に展開されているネットワークです。

⑤**データ収集管理**：各対象のデータの収集や制御、データ蓄積、分析などの他、IoTデバイスの管理やIoTサービスアプリケーションとのインタフェースを提供します。

⑥**IoTサービスアプリケーション**：それぞれの分野に応じたアプリケーションを提供します。

⑦**セキュリティ**：階層ごとに適切なセキュリティ対策が必要です。

⑧**プライバシー**：個人情報や個人情報を類推できるデータを扱う場合に、階層ごとに適切なプライバシー保護対策が必要です。

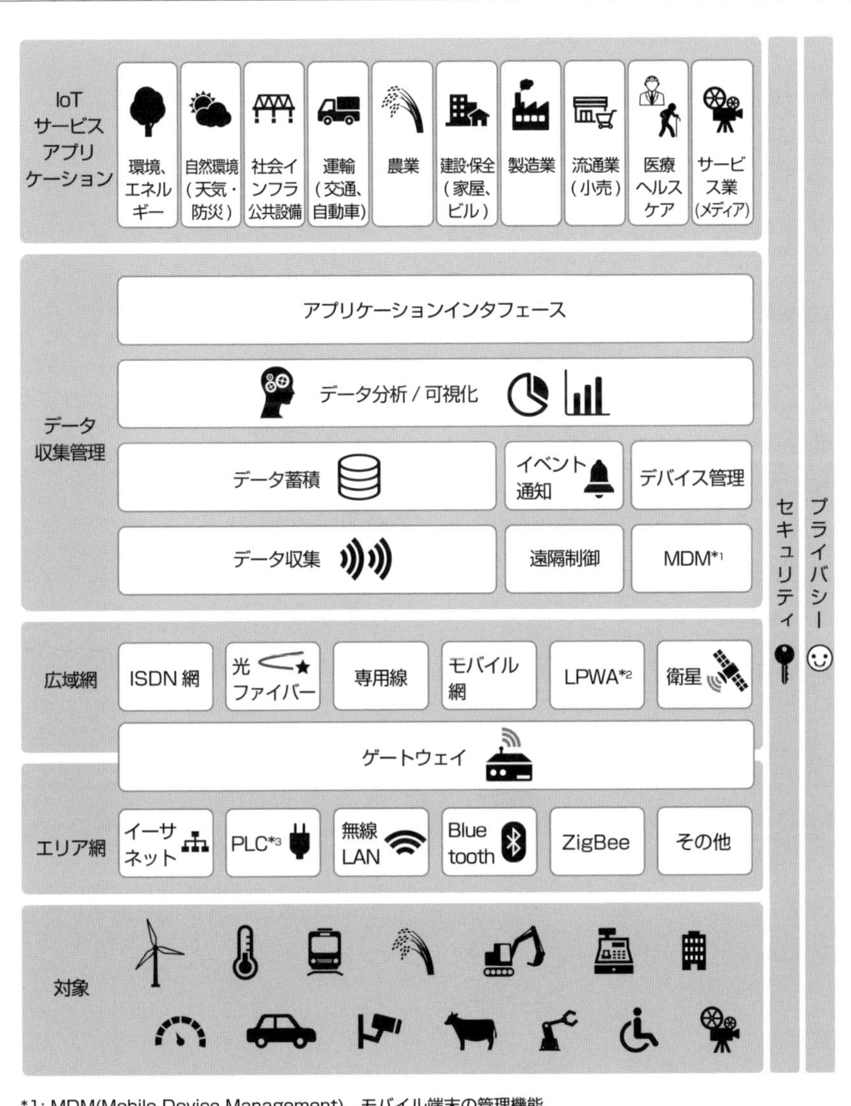

図 2-1-1　IoT サービスの俯瞰図

IoTサービスの提供範囲

IoTサービス事業者が提供するサービス範囲は各事業者によって異なりますので、サービスの利用の検討に当たっては十分な検討が必要です。

①データ収集管理：ほとんどのIoTサービス事業者がデータ収集、遠隔制御、データ蓄積、データ分析／可視化、アプリケーションインタフェースを提供しています。AI分析の利用も可能なサービスも存在します。モバイルデバイス管理等についてはサービスにより異なります。

②広域網：一部のIoTサービスでは広域網を含めて提供している事業者があります。通信事業者の他に、MVNO（Mobile Virtual Network Operator）としてモバイル事業者の回線を借りて自社のサービスとしてIoTサービスに提供している事業者もあります。また、LPWAとの組み合わせにより低コストなシステム構築が可能となる場合があります。

③エリア網：基本的に利用者が準備する必要があります。一部のサービスではエリア網の機器にサービス用の機能の組み込みや対応機器の準備が必要な場合があります。また、自動車などでは直接モバイル網等の広域網に接続する場合もあります。

IoTサービス利用上の留意点

IoTサービスを利用する上での留意点を以下に示します。

①機能：目的とするIoTサービスを構築するために必要となる機能を提供していること。

②費用：サービスを利用する上での、データ保管、分析などの費用を適切に見積もりデータ取得頻度の変更などを行います。

③制度：国際間をまたぐようなシステムを構築する場合、データ伝送に規制がある場合があるので、各国の規制を確認する必要があります。

2-2 IoT プラットフォームとは
業界間をつなぐ IoT プラットフォーム

IoT システムを構築するに当たって、いかに効率良く構築を進められるかは重要な課題です。IoT システム構築の目的の 1 つは、いかにスピーディにサービスに結び付けられるかが重要であり、活用できるものは大いに活用することも 1 つの手段といえます。また、オープンソースとしてさまざまなツールや環境が公開されています。これらをうまく活用することで、サービス提供に必要な全ての機能を自分で開発する必要はありません。各種の IoT サービスを構築する際に共通的に構築が必要となる機能をまとめて提供する IoT プラットフォーム（IoT サービス開発基盤）が整っています。本節では、この IoT プラットフォームについて説明します。

IoT プラットフォームが提供する機能

「プラットフォーム」は、2-1節で説明したようにいろいろなレベルが存在します。例えば、センサデータ収集、ゲートウェイのネットワーク接続、クラウド上でのアプリケーション連携、あるいは、ソフトウェア開発などのさまざまなプラットフォームが存在します。このような各種プラットフォームの中で、IoTシステム構築のための統合的なプラットフォームを提供してくれるのがIoTプラットフォームです。その位置付けは、1-7節で説明したように業界間のシステムを連携する層であり、データの橋渡しや、各種データの共通的な処理を行います。IoTプラットフォームには厳密な定義はないため、提供企業によりIoTプラットフォームに含まれている機能は異なりますが、各社のサービスにて提供されていることが多い機能を表2-2-1に示します。アプリケーション間の連携だけでなく、デバイス管理、データ管理、ユーザ管理、セキュリティ管理などシステム構築上で必須な機能が提供されています。

ハブとしての機能とIoTプラットフォーム活用例

IoTプラットフォームはさまざまなサービスで共通的に利用可能であることから、異分野、異業界をまたがったデータ、業務アプリケーション、家電、製造設備などの機器を連携するためのデータの受け渡し、およびそのデータを制御するためのハブ（中継装置）としての役割も期待されます。IoTプラットフォームのハブとしての機能を活用した例を図2-2-1に示します。

図において、IoTプラットフォームの機能やデータを使用するためには、共通のAPIや標準のデータ形式が提供されている必要があります。業界をまたがったIoTシステムの構築、例えば、図のIoTシステムAは業界①と業界③のデータの組み合わせなどにより、プラットフォームで提供される機能を活用しながらIoTシステムを構築しています。このように、IoTプラットフォームで提供される機能を活用することにより、スピーディなIoTシステム構築が可能となります。IoTプラットフォームが提供する機能例を表2-2-1に示します。

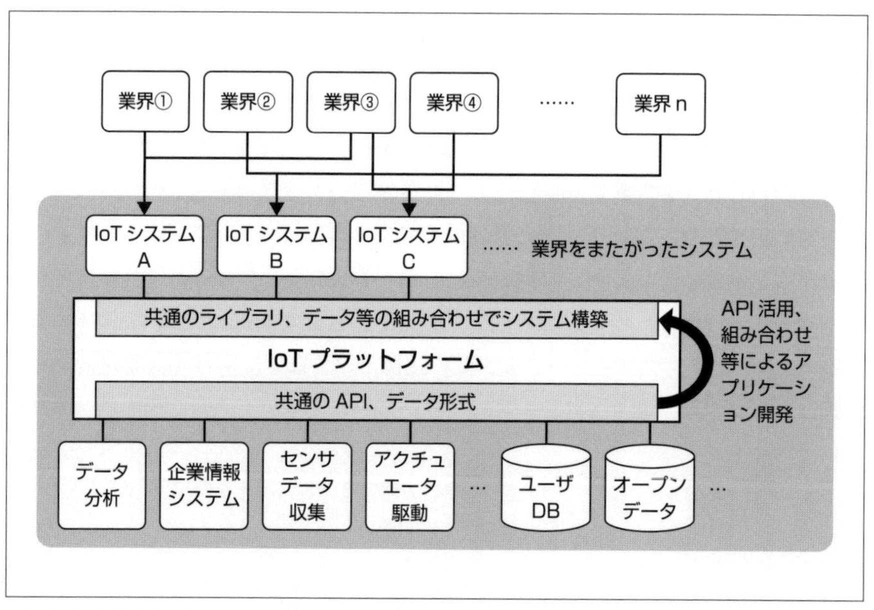

図2-2-1　IoTプラットフォームを使ったシステム開発（例）

機能名	概要
アプリケーション・サービス連携	・業務システムや外部サービスと連携する機能
デバイス管理	・センサやゲートウェイなどの機器の個体管理 / 構成管理機能 ・ソフトウェアアップデート、デバイスモニタリングなど、機器とクラウドとの接続情報の管理機能
データ管理	・センサデータのような非定型な構造を持つ大規模データを収集・格納・管理し、配信・可視化・分析する機能
ユーザ管理	・データや加工した情報を利用者に安全、適切に開示するためのユーザ認証や権限管理機能
セキュリティ管理	・機器（センサ、ゲートウェイ等）認証機能 ・機器挙動監視機能 ✓機器識別、死活監視 ✓機器の詐称、汚染対策 ✓データの 2 次利用への対応

表 2-2-1 IoT プラットフォームの提供する機能（例）

2-3 異業種連携とは
IoT で創出されるニュービジネスのスタイル

IoT 技術の応用により、新規のビジネス創出が期待されています。IoT は全ての業界にまたがるともいわれており、1 つの業界だけではビジネス化することは難しく、多くの異業種の企業や業界団体が協力し、さらに、競争しつつビジネス化を推進していくことが重要です。ビジネス化においての着目点としてはいろいろありますが、社会問題や環境問題に対する解決策を考えることによって、新規のビジネスにつなげることも 1 つの方法です。社会問題としては、少子高齢化や食糧問題等が挙げられ、環境問題としては、地球温暖化等による異常気象による環境へ影響等があります。本節では、このような課題に対する IoT システムの適用例を見ていきます。

農業を支援する IoT システム

農業を支援するIoTシステムの例を図2-3-1に示します。現在、農村部では若い人が少なく、高齢化によって農作に携わる人が減少し続けています。親から子へと、長い年月をかけて伝えた農作のノウハウがこのままでは途絶えてしまうのではないかとの危惧もあります。ノウハウをデジタル化し、さらに収集した種々のデータを基に統計的な処理やAI分析と組み合わせることにより、農業支援を行うIoTシステムが考えられます。

例えば、以下のようなケースが可能になるでしょう。

①田畑などに設置したセンサ群からのデータや気象データなどをクラウド上の IoT サーバに蓄積して、農作物の状況を分析すること。

②必要に応じて、温度・湿度管理システム、あるいは注水システムを稼働させることなどにより、農作物の育成状態を調整すること。

また、収穫時期が近くなったときは、収穫量を予測し、収穫に確保すべき人員を割り出すことが可能になります。収穫に確保する農作物の情報をIoTサーバ経由で、販売業者に送ることにより、販売業者の需要状況を確認し収穫時期に反映することもできます。さらに、消費者に生産物を届けるためには、各種仲介業者や、さまざまな流通方法などが関係するので、業界間の最適な運用などの調整によって、全体の効率化を上げる方法を見い出すことも可能になります。

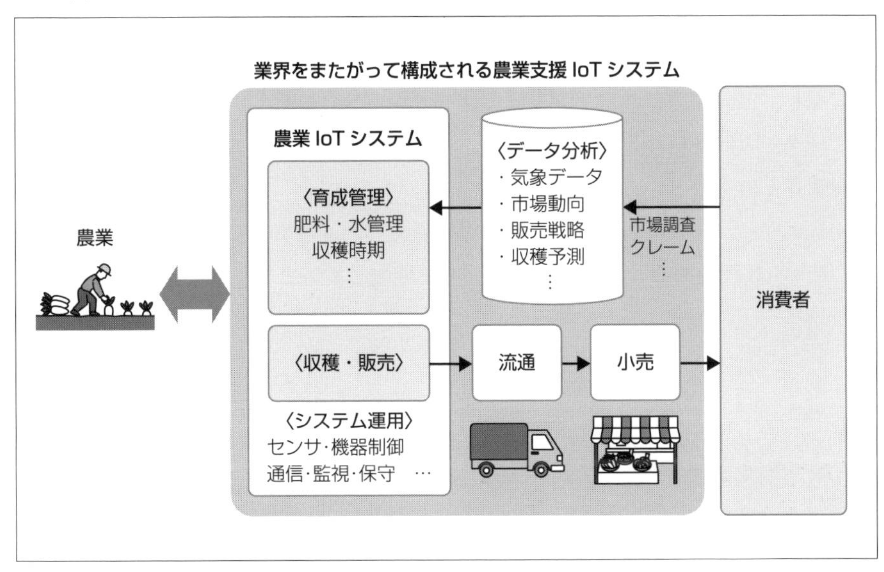

図 2-3-1　農業支援 IoT システム（例）

一人暮らしの高齢者見守りシステム

高齢者の遠隔見守りシステムの例を、図2-3-2に示します。一人暮らしの高齢者の遠隔見守りには、人感センサや温度センサなどにより、屋内での移動状況の把握や異常を検知することが可能となります。また、外部からの侵入者に対しては、窓開閉センサなどを用いることにより、安全を確保できます。

このようなデータはクラウド上のIoTサーバに集められ、病院や医療関係者、あるいは介護サービス業者のシステムと共有することにより、緊急時には警備会社や病院、介護サービス業者などが連携し速やかに緊急対応処置を取ることを可能にするシステムを構築できます。

保険料の改定にIoTシステムを活用

保険会社がIoTシステムを活用して保険料の見直し等に応用しているビジネスモデルの例として、テレマティクス保険があります。テレマティクス保険については2-10節にて詳しく説明しますが、車関連の保険の場合には、車にカメラセンサ等を搭載し、保険契約者の日々運転時のデータを収集、分析し、事故確率の算出などのデータから保険料の改定を行います。これは、車からの情報収集システム構築と保険業界との連携といえます。

同じように、医療保険の場合にも同様の考え方が適用できることから、多くの保険会社がIoT関連の会社と共同でサービスを展開しています。

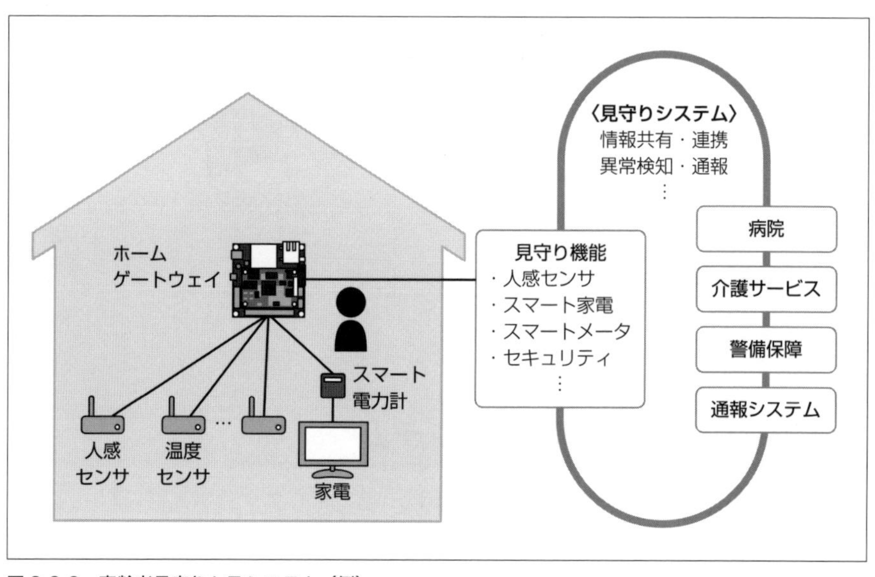

図2-3-2　高齢者見守りIoTシステム（例）

2-4 第4次産業革命とは
製造業IoT

工場などの製造分野でも、IoT化の波が押し寄せています。IoT化することにより、今までの「モノづくり」では成し得なかった新たな価値やビジネスモデルを創出しようとしています。いわば「モノづくり」から「価値づくり」への変化が起きています。各国でさまざまな取り組みがされており、ドイツ政府が打ち出したIndustrie 4.0、General Electric等の米国企業5社が設立したインダストリアル・インターネット・コンソーシアム（IIC）、中国の中国製造2025（Made in China 2025）、日本のコネクテッド・インダストリーズ等が挙げられます。本節では、製造分野におけるIoTの取り組みがどのように発展しているのかを見てみます。

製造業におけるIoT

製造業のIoTにおいても、1-3節で取り上げたCyber Physical System（CPS）がベースになっています。例えば、Industrie 4.0ではIoTによる製造プロセス全体の最適化を行います。図2-4-1のように、製造プロセスの全ての部品や装置の情報をリアルタイムで取得および分析し、制御装置の制御などにフィードバックすることによって、製造プロセスをリアルタイムに最適化します。市場ニーズや製造状況を踏まえ、生産計画の調整や工場間の連携なども可能になります。

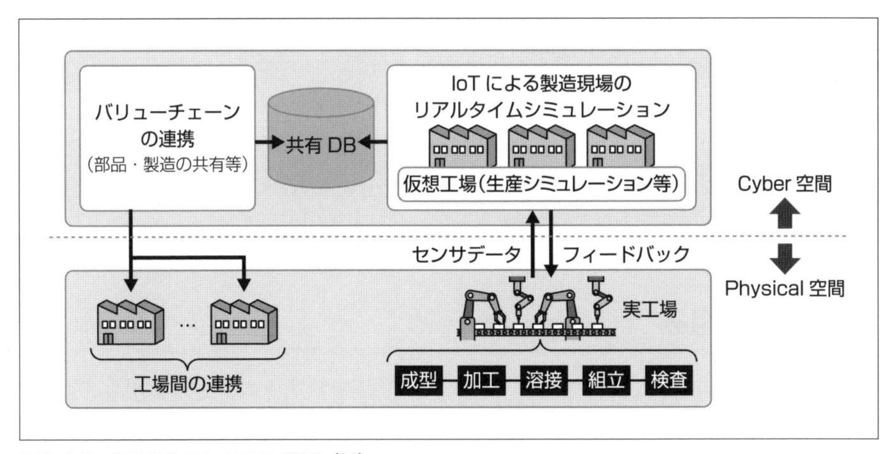

図2-4-1　製造業IoTにおけるCPS（例）

ドイツ政府主導のIndustrie 4.0

ドイツ政府が2011年より推進しているのが第4次産業革命Industrie 4.0プロジェクトです。「Plattform Industrie 4.0」という事務局の下で産官学のワーキンググループが活動しています。

インテリジェント監視システムや自律システムの開発を推し進め、工場内外のモノとモノが連携する「考える工場（スマート工場）」で、新しい価値やビジネスモデルの創出を目指し、リファレンスアーキテクチャRAMI 4.0（Reference Architecture Model for Industrie 4.0）等を提供しています。18世紀後半のイギリスに始まった第1次産業革命から、第4次産業革命誕生までの流れを図2-4-2に示します。

米国の企業連合の
インダストリアル・インターネット・コンソーシアム（IIC）

IICは2014年にAT&T、Cisco、General Electric、IBM、Intelの5社が中心になって設立されました。製造分野だけでなく、エネルギーやヘルスケア、公共、交通分野も含んだ産業向けIoTシステムをターゲットにしています。この取り組みの中では、航空機エンジンや医療機器などの産業機器に多数のセンサを付け、ビッグデータを分析し、燃料の削減や、消耗品の保守、また稼働率の向上などにより運用の最適化を図る「Industrial Internet」を推進しています。例えば、2-6節で説明する、GEの航空機のエンジンであれば、常にフライトで情報を収集し、仮想空間のモデルに反映させ、個体ごとの故障予見や部品の交換時期などを把握する応用が行われています。また、IICはIIRA（Industrial Internet Reference Architecture）と呼ぶリファレンス・アーキテクチャを提供したり、さまざまな分野向けにテストベッドの提供に力を入れているのも特徴です。Industrie　4.0とIICの両者は、2016年3月に連携して活動することに合意しました。

日本の取り組み

政府は2017年に新戦略「コネクテッド・インダストリーズ」を打ち出しました。テーマの1つに「協調領域の最大化」をおき、データを介した企業間連携を進めています。経済産業省が主導し、「スマートライフ」「自動走行・モビリティサービス」「ものづくり・ロボティクス」「バイオ・素材」の5分野に力を入れています。

他にも経済産業省と総務省が共同で設立した「IoT推進コンソーシアム」や、ロボット革命イニシアティブ（RRI）の「インダストリアル・バリューチェーン・イニシアティブ」（IVI）などが設立され、製造業分野の企業を中心に多くの企業が参画し活動を行っています。同時に、国際的な連携も推進しています。

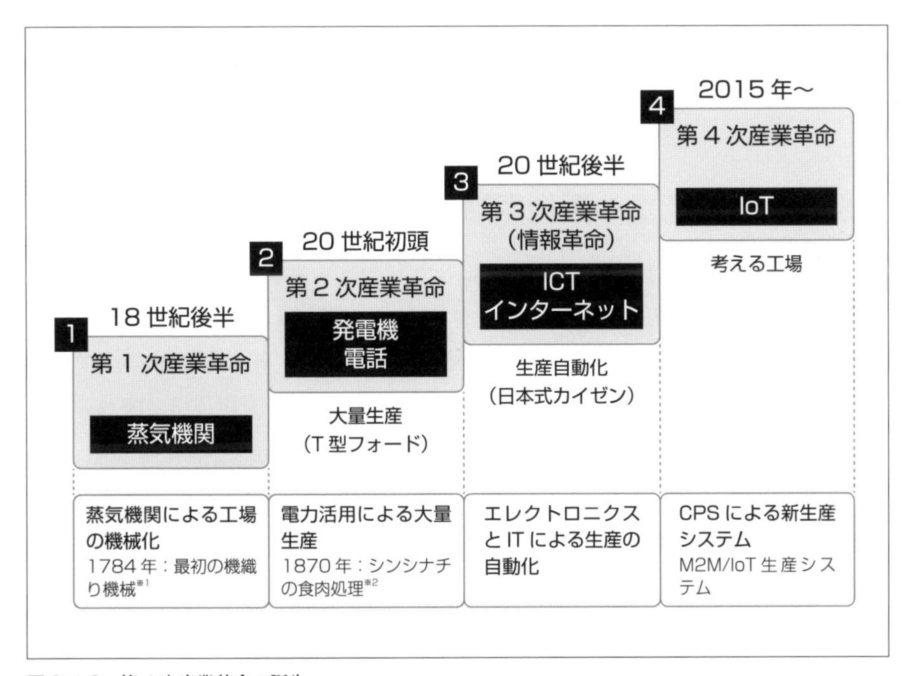

図2-4-2 第4次産業革命の誕生

※1「**最初の機織り機械**」：動力により駆動する機織り機械。手動の機織り機に比べ大幅に生産性が向上。
※2「**シンシナチの食肉処理**」：ベルトコンベアの導入による最初の流れ作業化。

2-5 Web APIの活用
オープンなAPI活用によるIoT展開

Web API（Application Program Interface）は、Webを通じてさまざまなアプリケーションを利用可能にするインタフェースです。音声認識や画像認識を活用するには高度な技術が必要となり、さらに膨大な時間とコストがかかります。一方で、音声認識や画像認識に関してさまざまなWeb APIが公開されるようになり、IoTシステムを短期間でかつ低価格に構築し、高度な解析を行える環境が整っています。本節では、Web APIを活用した事例を見ながら、短期開発で、かつ高機能なサービスについて考えます。

事例1：音声認識や画像認識向けのWeb APIの活用

AIにおける深層学習（ディープラーニング）のニューラルネットワーキングの仕組みを用いた音声認識等のWeb APIが各社から公開されています。クラウド上のアプリケーションから公開されている機能（API）を呼び出し、端末等のアプリケーションでの機能の一部として利用可能になっています。音声認識では「Google Cloud Speech API」、Microsoftの「Bing Speech」をはじめ、NTTドコモ、IBM等の各社が提供しています。Microsoft Cognitive Servicesは上記音声認識以外にも、画像認識、自然言語処理等のAPIを提供しており、IoTの分野でもさまざまな利用が考えられています。

事例2：顔認証によるマーケティングへの適用

監視カメラを防犯だけではなく、顧客属性を取得することによって、マーケティングに利用しようということに注目が集まっています。しかし、既存の映像解析ソリューションは高額の投資が必要となるケースが多いのが現状です。アロバ（本社：東京都新宿区）はAzure Cognitive Servicesを活用し、顧客属性や満足度を取得できるクラウドサービス「アロバビューコーロ」を安価で提供しています。図2-5-1のようにAzure CognitiveServicesに含まれる「Face API」で顔情報から属性を、「Emotion API」で感情を判別することによって、高度な解析を低価格で実現しています。

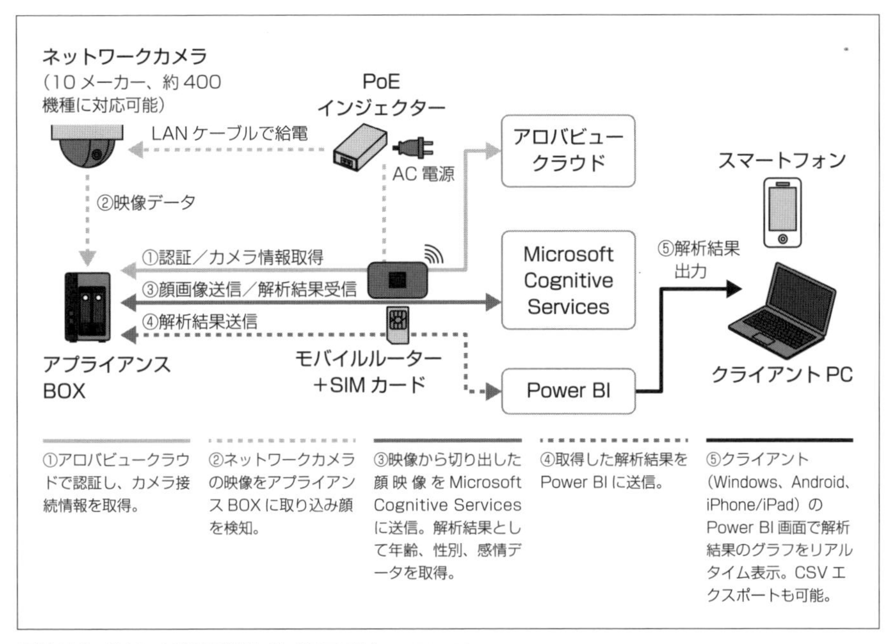

図2-5-1　Web API呼び出し例「アロバビューコーロ」
出典：アイ・オー・データ機器　アプライアンスBOX導入事例を基に作成

事例3：音声アシスタントの活用

iOSの「Siri」、Androidの「Google Assistant」など、スマートフォンやPCで始まった音声アシスタントの流れは、家庭用スピーカー端末Amazon EchoやGoogle Homeへと広がっています。その中でIoT分野において特に注目を集めているのが、Amazon Echoに利用されているAmazon Alexaです。クラウドベースの音声アシスタントの技術「Alexa Skills Kit」（図2-5-2参照）を、2016年にサードパーティ向けに公開しました。AWS Lambda※を用いたアプリケーション（Alexa Skill）を利用することで、さまざまな機能を簡単に利用可能です。またサードパーティが開発したAlexa Skillを公開するためのシステム（Alexa Skill Store）も準備されており、Alexa Skillの数は2019年1月には全世界で80,000を突破しています。フォード等の自動車メーカーから、洗濯機や冷蔵庫等の家電まで、大小さまざまな企業がAlexaの採用を発表しており、急速な広がりを見せています。

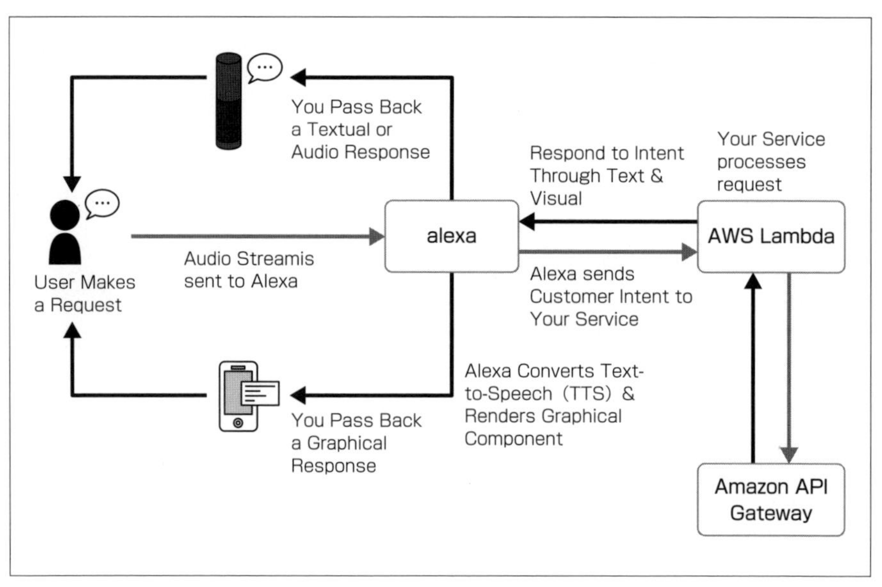

図 2-5-2　Amazon Alexa のシステムイメージ

※**「AWS Lambda」**：Amazon がクラウドサービス AWS（Amazon Web Services）で提供するアプリケーションを実行するプラットフォーム。何らかのイベントをトリガーに処理を実行することが可能。事前に用意したコードを自動的に実行することができる。

2-6 IoT 活用によるサービス展開
顧客志向の付加価値サービス

IoT はモノにセンサや通信機器を付けることにフォーカスされがちですが、IoT ビジネスで重要なポイントの 1 つは「顧客志向のサービス」を提供することです。今まで関連が薄かった業界とのギャップを埋め、新たなサービスを生み出すことができるのが IoT の 1 つの特徴といえます。既存の製品にセンサを付けて集めたビッグデータを有効活用することにより、製品自体の付加価値を高めるだけでなく、新たなビジネスドメインへのサービス展開が可能になります。本節では事例を基に、IoT によってどのような変革がビジネスモデルに起きるのかを考えます。

事例 1：コマツの KOMTRAX

図2-6-1に示すコマツのKOMTRAX（建設機器の情報を遠隔で確認するシステム）は、建設機器に設置したセンサからの情報を有効活用し、サービスを大きく広げた事例です。車両のコントローラから取得したエンジンなどの稼働状況（①）やGPSからの位置情報（②）を取得し、携帯電話網などを介して、データサーバに送ります（③）。

次に、データサーバに集められた建設機器内のデータを処理し、機器の位置やエンジンの稼働状況、燃料の残量、部品の交換時期等をユーザへ提供します（④）。ユーザは予防保守や遠隔監視だけでなく、機器の遠隔操作も行うことができます。例えば、KOMTRAXは現場から一定距離移動したらお知らせメールを送信し、サーバからの指示を送るとキーを入れてもエンジンがかからなくなるといった仕組みを入れ、機器の盗難を劇的に減らすことに成功しました。ユーザのニーズに応じた保守サービスの充実によって、市場シェアを広げました。

このように製品上のセンサ情報を有効活用すれば、製品自体の付加価値を高め、保守サービスにまでビジネスドメインを広げることもできます。

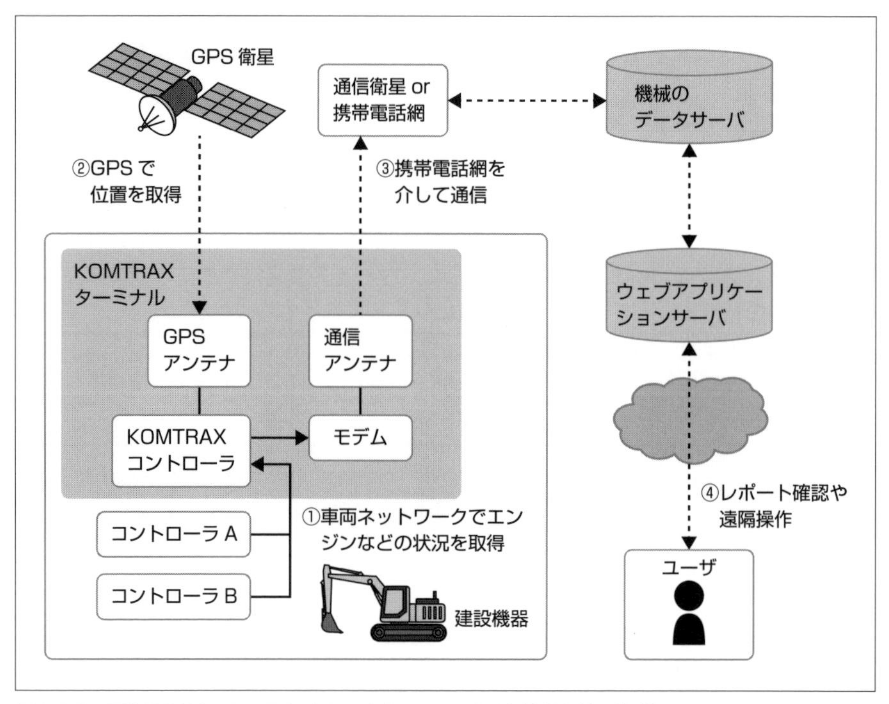

図2-6-1　KOMTRAXのシステムイメージ（コマツのサイト情報を基に作成）

事例2：General Electric（GE）のジェットエンジン

2-4節で紹介したIICを牽引する主要企業の1つであるGEは、製品に付けたセンサの情報を有効活用して新たなビジネスモデルを展開しています。図2-6-2にシステムイメージを示します。航空機エンジンに付けた多数のセンサからの情報をエッジであるPredix Machine（センサや制御システムに導入されるソフト）が一次処理します（①）。処理されたデータはクラウド上のPredix Cloud（IoTクラウド）へ送信されます(②)。Predix Cloudでは収集した情報を仮想空間のモデルにフィードバックして解析し続けます（③）。例えば、エンジンなどに異常があれば、その情報を整備工場に送ります（④）。整備工場ではあらかじめ部品を準備するなどして航空機が着陸したら、すぐに整備を行うことができ、フライトの遅延を最小限にし、遅延により発生するコストを抑えられます。仮想空間でシミュレートすることで、個体ごとの故障を予見し、部品の交換時期を把握するなど、予防保守も可能にしています。

この「Predix Cloud」を産業機器向けにPaaSとして提供し、産業機器用のIoTプラットフォームとしてのビジネス展開によりGEは大きな存在感を示しています。この事例のようにプラットフォームホルダー（プラットフォームを持つ企業）まで昇華できれば、ビジネスの領域や規模を格段に拡大できます。

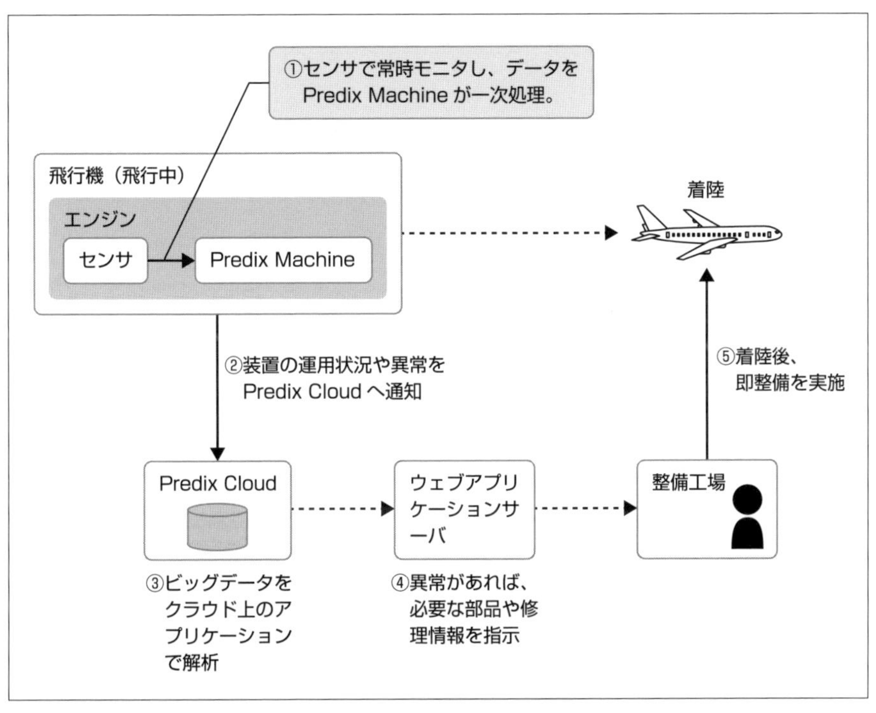

図2-6-2 Predix Cloudのシステムイメージ

2-7 位置情報の活用
地理空間情報と通信技術の融合

測位技術と通信技術の急速な進展によって、位置に関連付けられた情報である地理空間情報が広い分野で利活用され、新たな位置情報ビジネスが展開されています。本節では、地理情報システム、位置推定技術、空間情報と通信技術の融合などについて説明します。

地理情報システム

地理情報システム（GIS：Geographic Information System）とは、デジタル化された地理空間情報（位置に関連付けられた情報）を電子地図上で一体的に処理して、視覚的な表現や高度な分析を行う情報システムです。位置に関連付けられた情報は、地理空間情報「G空間情報」と呼ばれます。

G空間とICT活用によって課題解決が期待されている分野を、図2-7-1に示します。

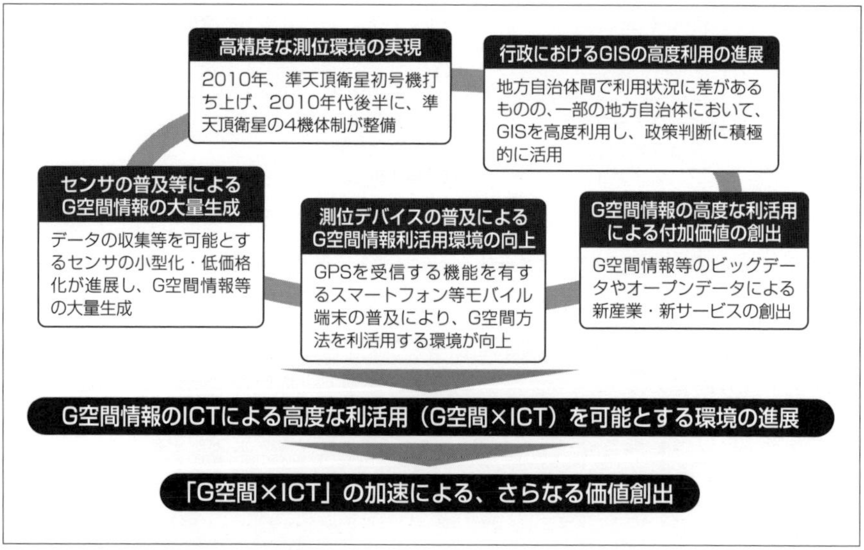

高精度な測位環境の実現
2010年、準天頂衛星初号機打ち上げ、2010年代後半に、準天頂衛星の4機体制が整備

行政におけるGISの高度利用の進展
地方自治体間で利用状況に差があるものの、一部の地方自治体において、GISを高度利用し、政策判断に積極的に活用

センサの普及等による G空間情報の大量生成
データの収集等を可能とするセンサの小型化・低価格化が進展し、G空間情報等の大量生成

測位デバイスの普及による G空間情報利活用環境の向上
GPSを受信する機能を有するスマートフォン等モバイル端末の普及により、G空間方法を利活用する環境が向上

G空間情報の高度な利活用による付加価値の創出
G空間情報等のビッグデータやオープンデータによる新産業・新サービスの創出

G空間情報のICTによる高度な利活用（G空間×ICT）を可能とする環境の進展

「G空間×ICT」の加速による、さらなる価値創出

図2-7-1　G空間とICTによる価値の創出
出典：総務省のサイトの情報を基に作成
http://www.soumu.go.jp/menu_news/s-news/01tsushin01_02000105.html

G空間情報をICTによって高度に利活用することにより、次に示す付加価値を創出することを狙いとしています。

- 準天頂衛星「みちびき」による高精度な測位環境の活用
- 地方自治体などにおけるGISを高度利用した政策判断への活用
- 小型化・低価格化によるセンサの普及
- G空間情報の大量生成、多様な測位デバイスの普及によるG空間情報利活用環境の向上

位置推定方式

位置を推定する方法（位置推定）は、屋外と屋内に大別できます。屋外での位置情報は、GPS、無線LAN、通信事業者の基地局の電波を用いて位置を推定します。一方、屋内では、GPSの電波は届きにくく、障害物などさまざまな制約条件があり、位置推定には種々の方式が考えられています。屋内での位置推定の主な方式を次に示します。

①無線LAN測位

複数の無線LANのAPからの受信電波強度を測定することによって、自己の位置を算出する方式です。

②ビーコン測位

ビーコン※1発信器を室内に設置して、スマートフォンで受信したBLE※2（5-2節参照）通信方式の信号強度を基に自己の位置を算出します。

③可視光測位

LEDなどの可視光を、超高速で点滅させて信号を送ることによって測位します。

④歩行者自立航法（PDR：Pedestrian Dead Reckoning）

スマートフォンに内蔵されている加速度、磁気、角速度などのセンサを用い、人の移動方向と移動距離を推定することによって測位します。

⑤ IMES（Indoor MEssaging System）測位

GPSと同じ通信方式（フォーマットと周波数）の発信器を屋内に設置することによって、スマートフォン内蔵のGPS受信機能を使い、屋外と屋内をシームレスに位置推定できます。ただし、スマートフォンのGPSチップのファームウェア（内蔵のソフトウェア）を、IMES対応にする必要があります。

その他にも、超音波センサ、RFID、カメラなどを使って屋内での位置を推定する方式があり、さらに複数の方式を組み合わせて用いることによって、位置推定精度を上げることも行われています。

地磁気測位とAI分析との連携

位置推定技術とAI分析との連携の例として、地磁気［地球が持つ磁性（磁気）：北極部がS極、南極部がN極に相当］を利用した位置測位技術があります。AI分析の一種であるディープラーニング（6-7節参照）を活用して、事前に調査して得た屋内の位置や地磁気の情報を基に、各フロアの地磁気の特徴を抽出する技術が開発されています。

それによって、GPS信号が届きにくい、骨組みなどの主要な構造に鉄鋼製の部材を用いた建物の内部にいる対象者の位置を正確に推定するもので、具体的には屋内の対象者が所持するセンサで得た地磁気情報から、誤差2メートル以内の精度で位置を推定した例があります。事前に屋内の地磁気の状態を調査するだけで、ビーコンや無線LAN機器などの屋内への設置が不要になり、低コストで位置測位を活用したサービスを導入可能になります。

※1「ビーコン」：Beacon。AP（基地局）等が自分の存在を知らせるために発する無線信号（報知信号）のこと。

※2「BLE」：Bluetooth Low Energy。Bluetoothのバージョン4.0の呼称。

2-8 シェアリングエコノミーとは

需要と供給のマッチングビジネス

ビジネスにおいて競争の激化や環境問題などを背景に、個人や会社の保有するモノやスキル、サービスを一時的に共有できるシェアリングエコノミーが注目されています。例えば、利用頻度が高くない車などの遊休資産を仲介サービス経由で格安に貸し出すことにより、貸主は遊休資産から収入を得ることができ、借主は必要なときに必要なだけ利用することができます。また、シェアリングエコノミーを成立させるためには、貸主と利用者の信頼関係の構築が不可欠なため、eコマース等で行われている評価や格付けの仕組みを利用するサービスもあります。しかしそれでも、安全を完全に保証できず、犯罪やトラブルが起きているため、法制度も含め課題があります。本節では、シェアリングエコノミーの考え方を学びつつ、今後のIoTの可能性を探っていきます。

自転車のシェアリングサービス

既存のレンタルサービスをIoTで大きく発展させた事例も出てきています。例えば図2-8-1のように、自転車にGPSやICカードリーダを付けた自転車シェアリングサービスがあります。

利用者はスマートフォンでステーション(駐輪場)を検索し、予約が可能です(①)。予約するとサーバからパスコード（4桁の暗証番号）が払い出されます（②)。利用者はステーションに移動し（③)、自転車に取り付けられたパネルにパスコードを入力すると（④)、解錠され乗ることができます（⑤)。予約せずに、ICカードで借りることも可能です。自転車は別のステーションでも返却できる（⑥）のも特徴の1つです。また、移動情報を利用し、観光案内などのサービスの創出も考えられます。

日本では、NTTドコモの「ドコモ・バイクシェア スマートシェアリング」、ソフトバンクの「HELLO CYCLING」が自治体と組んで自転車シェアリングサービスを行っています。

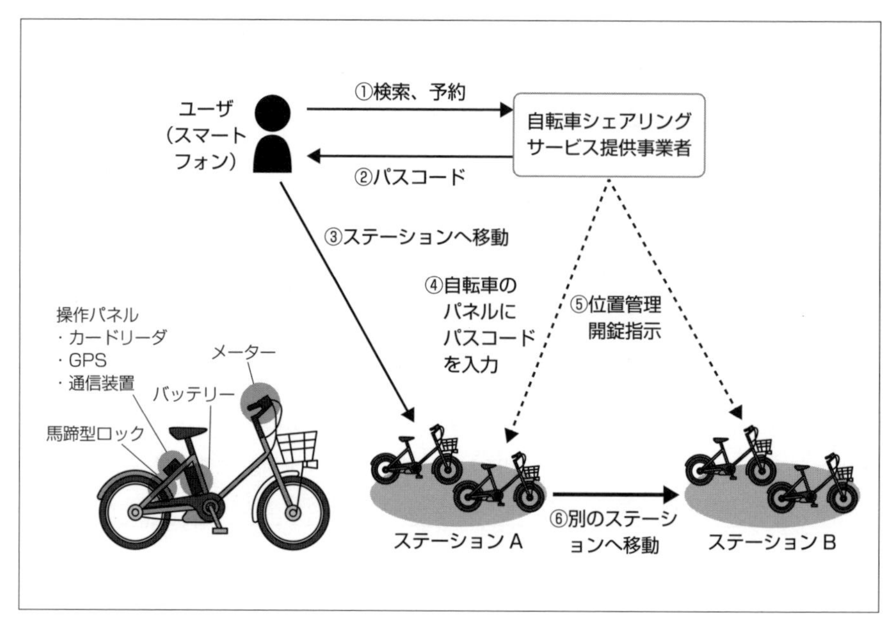

図2-8-1　自転車シェアリングサービス例

配車サービス

個人や会社の遊休資産を利用した仲介サービスも注目を集めています。配車サービスでは2009年に設立された米国のUberが火付け役となり、類似サービスが複数立ち上がりました。日本でも全国タクシー配車などがサービスを始めています。配車サービスの例を図2-8-2に示します。

ユーザはスマートフォンで配車サービスにアクセスし、近くにいるドライバーを選択し配車依頼をします（①）。その際、過去のドライバーの評判を確認できます。配車サービス経由でドライバーに配車依頼がされる（②）と、ドライバーは指定の時間・場所に行き、送迎を行います（③）。目的地へ到着するとクレジットカードで配車サービスに支払いが行われ（④）、仲介手数料を引いた報酬が配車サービス会社からドライバーへ支払われます（⑤）。利用後、ユーザがドライバーの評価を行うことにより、ドライバーが格付けされます。また移動ルートに不満（クレーム）があれば、配車サービス会社へ問い合わせすることも可能です（⑥）。

Uberの場合、一般人が自家用車ドライバー登録でき、空き時間で働くことができる仕組みになっています。ただし、日本では「白タク」扱いで禁止されている等、国によって法制度が異なるため、各国の法制度に合わせたサービスが行われています。

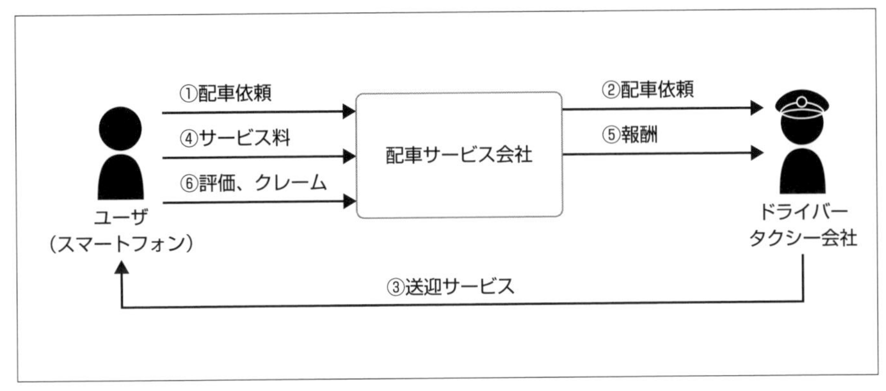

図 2-8-2　タクシー配車サービスの仕組み

その他のシェアリングエコノミー型サービス

他にもさまざまなシェリングエコノミー型サービスが展開されています。例えば、運送サービス向けのマッチングサービス「ハコベル」や「軽タウン」は、荷物の運送をスマートフォンで依頼すると、登録した運送業者が非稼働の時間帯に安価で運送できます。運送帰り等のトラックの空きスペースを有効活用でき、物流業界で注目を集めています。

また、NTTドコモが提供する駐車場事業者向けシェアリングソリューション「docomoスマートパーキングシステム」を用いたサービスも始まっています。

この他、個人宅やマンションを観光客向けに貸し出す米国のAirbnbのようなシェアリングサービスも出てきています。部屋にセンサ等を付け、部屋の状況把握やスマートロック（スマートフォン等の機器を用いてリモートででロック・アンロックを行う）により、安全性や利便性を高めようという取り組みもあります。レンタル可能なものは何でも、IoTを利用したシェアリングサービスで新たなビジネスを生み出すチャンスがあるともいえます。

2-9 車とクラウドの連携
自動車のシェアリングサービス、ダイナミックマップ

シェアリングサービスは、自動車業界にも広がり始めています。世界の自動車メーカーが自動運転だけではなく移動手段をサービスとして提供しようとしています。また、自動運転を支える鍵となる技術の1つに「ダイナミックマップ」と呼ばれる地図データがあります。本節では、車とクラウドの連携において、MaaS（Mibility As A Servis）やマルチモーダルサービスを紹介します。さらにダイナミックマップと呼ばれる地図データが必要とされる理由や取り組み状況について紹介します。

自動車のシェアリングサービス（MaaS）

ドイツのフォルクスワーゲン参加のMOIAやフランスのルノーも自社の電気自動車で乗り合いサービスやカーシェアリングサービスを始めると発表しました。

また日本ではトヨタ自動車が「e-Pallet（イーパレット）」を発表しました。これは人の移動手段に加えて物流や物販までも想定した電気自動車となっており、ソフトバンクと共同で設立したモネ・テクノロジーズで新しいモビリティサービスの提供を目指しています。

その中で注目されているのが、シェアリングカーをクラウド上で統合管理し、検索や予約から決済まで行いユーザの移動時間や費用を最適化するサービスです。

図2-9-1のようにIoTやAIを活用することで、事業者は効率良く車両を稼働させることができ、図2-9-2のように新しいモビリティサービスも考えられます。

また利用者の動向データを分析することで商品購入や旅行など、さまざまなサービスへの活用も期待できます。

一方で利用者は、移動手段やルートの選択肢が増え、費用を抑えることも可能になります。フィンランドでは「Whim（ウィム）」が複数の交通手段をまとめて管理するMaaSを提供しています。利用者はスマートフォンアプリで電車、バス、レンタカーなどを使った最適なルートを検索し、予約や支払いまでできます。日本でも鉄道会社や自動車メーカーが中心となって実証実験が始まっています。

MaaSは、都市部の交通渋滞やCO_2、粉じんの削減など環境の改善に期待される

一方、法律や規制の問題があるため、国や自治体の協力が必要となっています。

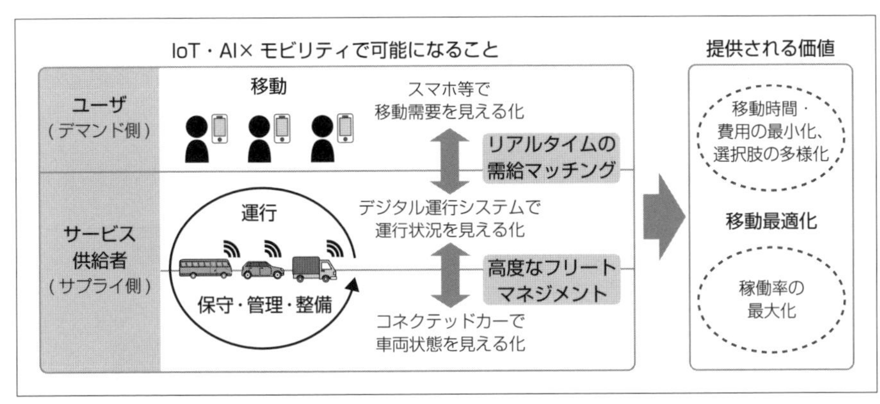

図 2-9-1 IoT や AI を活用した新しいモビリティサービスの拡大

IoT や AI が可能とする新しいモビリティサービスの類型

サービス分類				サービス内容
カーシェア	B2C		ラウンドトリップ型	借り受けたステーションへの返信としたカーシェアサービス 近年ではスマホアプリにより予約 / 借り受け / 返却手続きが可能に
カーシェア	B2C	ワンウェイ型	ステーション型	借りた場所と異なる場所に返却することができる、乗り捨て型のカーシェアサービス
カーシェア	B2C	ワンウェイ型	フリーフロート型	決められたエリア内であれば、道路上や公共駐車場など自由に乗り捨てることができるカーシェアサービス
カーシェア	C2C			所有する自家用自動車を、利用者間で貸し借りできるカーシェアサービス
デマンド交通	定路線型			通常の路線バスをベースに、予約があった場合に限り運行するサービス
デマンド交通	準自由経路型（マイクロトランジット）			利用者の需要に応じて高頻度で運行ルート・時刻を更新して運行する乗合バスサービス
デマンド交通	自由経路型	B2C	タクシー配車	配車アプリ等により、高効率にタクシー配車を行うサービス
デマンド交通	自由経路型	B2C	相乗りタクシー	配車アプリ等を用い、同方向に移動する利用者のマッチングを行い、 まとめて効率的に運送するサービス
デマンド交通	自由経路型	C2C	ライドヘイリング	一般ドライバーが自家用車を用いて乗客を運送するサービス
デマンド交通	自由経路型	C2C	カープーリング	同方向への移動者同士のマッチングを行うサービス
マルチモーダルサービス				複数の交通モーダル（鉄道・バス・タクシー・カーシェア等）を統合し、 アプリを通じた一元的な検索・予約・決済を実現したサービス
物流	物流 P2P マッチング			荷主と物流の担い手のマッチングサービス
物流	貨客混載			旅客運送事業者による貨物運送と、貨物運送事業者による旅客運送の両方を含んだ、 ヒトとモノの混載運送サービス
物流	ラストマイル配送無人化			ラストマイル配送でドローンを含む無人配送ビークルを活用した配送サービス
駐車場シェアリング				アプリ等を用い、月極や個人の駐車場を一時的に貸し借りすることを可能とするサービス
移動サービスと周辺サービスの連携				既存のモビリティサービスのインフラを活用し、 フードデリバリー提供や広告・クーポン配信等を活用した消費誘導を行うサービス
コネクテッドカーサービス				車両のコネクテッド化を通じた、メンテナンス、業務オペレーション等の高度化サービス

図 2-9-2 IoT や AI が可能とする新しいモビリティサービスの類型
出典：経済産業省「IoT や AI が可能とする 新しいモビリティサービスに関する研究会」資料を基に作成
https://www.meti.go.jp/press/2018/10/20181017005/20181017005-2.pdf

ダイナミックマップ（Dynamic Map）

自動運転を実現する上で、自車の位置を正確に把握することが非常に重要となります。ダイナミックマップとは、地図上に、動的な情報を重畳させた論理的なデータの集合体（仮想的なデータベース）であり、情報をリアルタイムに管理します。

その管理対象としては、車両や歩行者の現在位置と移動状況、交通状況［信号の表示（赤か黄か青か）、渋滞、事故など］、道路情報（地図情報、リスクマップ）が挙げられます。また地理的情報や周辺車両、道路状態、交通状況、天気などの情報も扱われます。

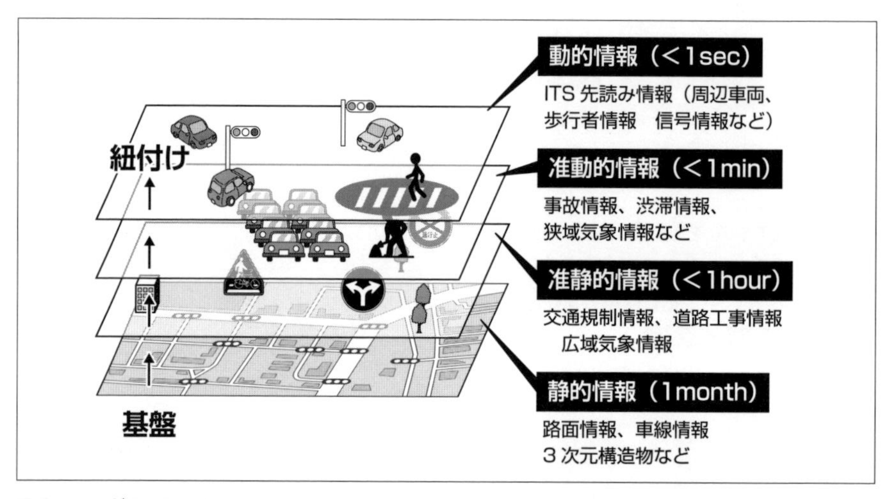

図2-9-3　ダイナミックマップのイメージ図
出典：内閣府「戦略的イノベーション創造プログラム（SIP）」資料を基に作成
http://www8.cao.go.jp/cstp/tyousakai/juyoukadai/system/2kai/shiryo3-1.pdf

アプリケーションからの問い合わせで、追突防止支援、緊急車両接近警告、信号情報提供、歩行者・自動車存在情報などを提供します。車車間・路車間通信を利用した安全運転支援システムで利用されます。

ダイナミックマップのイメージを図2-9-3に示します。この図は、道路や建物などの静的な地物が記載された従来の地図データ上に、自車現在地周辺の他の移動体や事故情報など、時々刻々と変化する動的な情報を重ね合わせたもので、「ローカルダイナミックマップ」と呼ばれるマップの概念図です。

協調型ダイナミックマップとクラウド連携

ダイナミックマップで収集・提供される情報の分類については、大きく「自律型」と「協調型」に分類されます。「自律型」とは、自動車に設置したレーダー、カメラなどを通じて、自律的に障害物などの情報を認識するものです。「協調型」とは、各種情報の収集の形態によって、さらに、次のように分類されます。

①モバイル型

モバイル通信インフラを使って、GPSで取得した位置情報やクラウド上にある各種情報を収集するタイプ。

②路車間通信型

路側インフラ設置機器との通信によって、道路交通にかかわる周辺情報を収集するタイプ。

③車車間通信型

他の自動車に設置された機器との通信によって、自動車の位置・速度情報を収集するタイプ。

次世代のダイナミックマップDM2.0（Dynamic Map 2.0）として、図2-9-4に示すようなモデルが検討されています。DM2.0では、クラウドコンピューティング、エッジコンピューティング、組み込みコンピューティングを連携させた構想として検討されています。

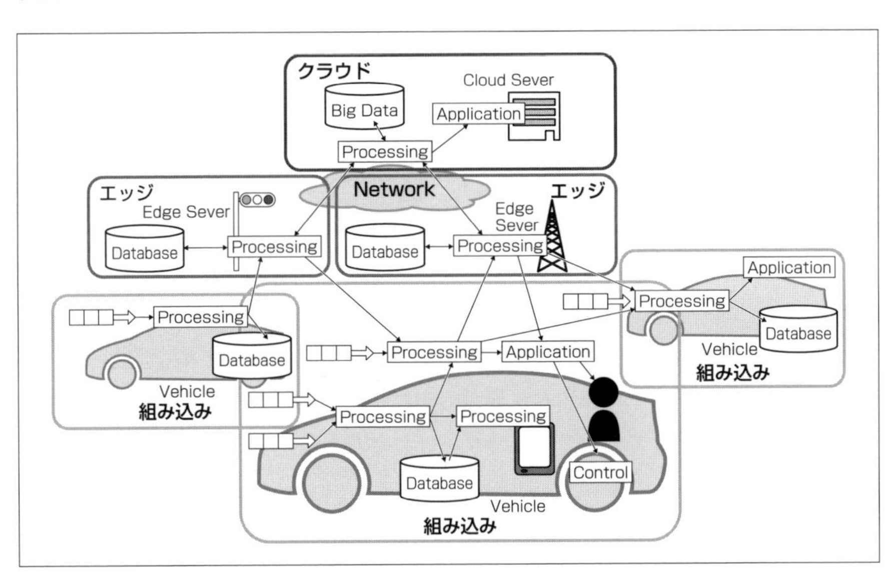

図 2-9-4　ダイナミックマップ 2.0 の構想
出典：名古屋大学「ダイナミックマップ 2.0・コンソーシアム」資料を基に作成
https://www.nces.i.nagoya-u.ac.jp/dm2/DMconso_160629a.pdf

2-10 フィンテックとは
金融と IoT の融合

金融分野で新たなビジネスモデルの創出を目指し、国家レベルでの競争が激化しています。今、その原動力となるフィンテックが注目されています。フィンテック（Fintech）とは金融 “Finance” と技術 “Technology” を合成した造語で、金融業界に新たな付加価値やサービスを生み出す IT 技術のことを指します。金融業界は IT 活用が活発な業界ですが、AI（人工知能）、機械学習といった技術の進化や API のオープン化によって、さらに大きな変革が起きると期待されています。一見、IoT は金融とかかわりが薄いように見えますが、モノの流通や決済を行う上で金融は欠かせず、金融業界も IoT へさまざまなアプローチをしています。本節では、金融業界における IoT にかかわりのある事例を見ながら、可能性を考えます。

テレマティクス保険

IoTを利用し、サービス向上を目指す動きは保険業界にもあります。自動車の運転特性診断を基に保険料を算定する保険「テレマティクス保険」はその1つです（テレマティクス：自動車などとモバイル通信システムを組み合わせて、リアルタイムに情報サービスを提供するサービス）。

図2-10-1のように、ドライバーの運転特性をGPSや加速度センサ等で計測し(①)、計測結果を損害保険会社に送ります(②)。その結果を基に保険料を算定し(③)、「事故を起こしにくい」と認定されたドライバーには割り引かれた保険料を提示します(④)。運転特性は自動車にセンサや通信機器を搭載し、計測します。

例えば、ソニー損害保険や損害保険ジャパン日本興亜がドライブカウンタやスマートフォンで運転特性を計測し、運転状況に応じた保険サービスの提供に取り組んでいます。また、ここでは自動車保険の例以外にも、人やモノの動きをトラッキング（追跡）することで、新たな保険サービスも考えられます。

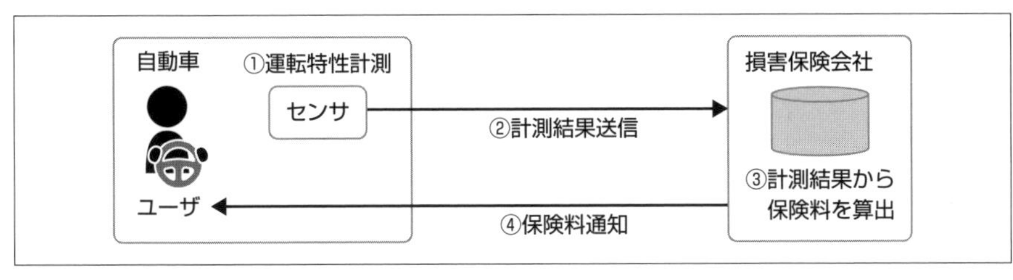

図 2-10-1　テレマティクス保険の例

金融オープンAPI

Web APIを用いて新たなサービスを創出するという考え方は銀行やカード会社にも広まっています。単独で生み出せない新たなビジネスモデルの創出を期待し、米国のシティバンクやVISAなどの海外の金融機関がAPIを公開しました。このことで、大企業だけでなく、ベンチャーの参入を促し、柔軟な発想を持った新しいサービスが生み出されています。

2017年5月に改正銀行法が成立し、国内金融機関はオープンAPIにかかわる努力義務が課せられ、各金融機関がオープンAPIの取り組みを進めています。

例えば、銀行APIを利用すればサービス事業者は金融機関の口座を介した割り勘サービスのようなものを作り、自社サービスとして提供することができます。

図2-10-2にフローの例を示します。ユーザAはスマートフォンの割り勘アプリで条件を入力してサービス事業者へ指示します（①)。サービス事業者は銀行のAPIを利用して、送金指示をすると（②)、ユーザAからユーザBの口座へ送金処理し、銀行口座のデータを更新します。(③)。ユーザBは自分の口座から引き出しが可能となります（④)。

参入企業は金融機関のデータベースと連動した独自のサービスを生み出せるため、IoTの決済機能としての利用も期待されています。

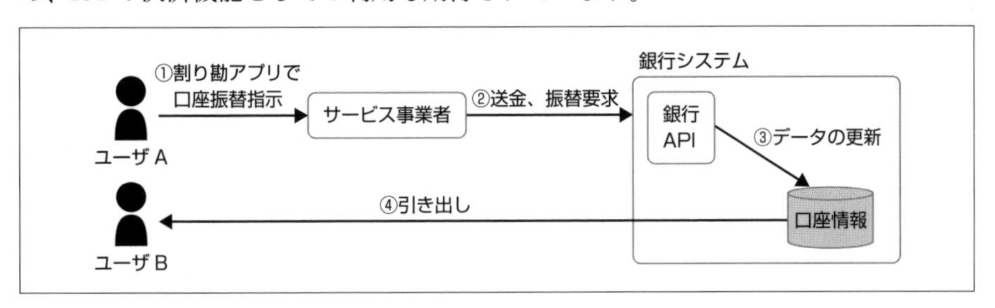

図 2-10-2　銀行APIのサービス例（割り勘サービス）

ブロックチェーン

通貨は国がその信頼性を保証するものですが、国の信頼がなくなれば、価値がなくなります。中央集権的な管理ではなく、保証できる通貨として考えられたのが暗号通貨ビットコインです。その中核技術であるブロックチェーンは参加者（ノードと呼ぶ）が同一の取引履歴を記録している台帳を持ち、相互に監視し合うことで、中央管理を必要としません。結果、改ざんや消去ができない安全な取引が停止なく、低コストで実現できるのが大きな特徴です。実際、ブロックチェーンを用いたビットコインは2009年から停止も改ざんもなく、取引が続いてきました。ブロックチェーンは暗号通貨以外に物流や不動産契約をはじめ、IoTにおける決済や管理など、幅広い応用が期待されています。図2-10-3にブロックチェーンの送金の利用例を示します。

図2-10-3の例では、参加者Aが参加者Bに送金処理を指示します（①)。参加者Aが手元の台帳に取引履歴を書き込んだ結果を、他の参加者全員へ通知します（②)。他の参加者は取引履歴の正当性を確認の上、自分の台帳に記録します（③)。もし、誰かが改ざんしても、他の多数と不整合があれば、その取引は無効になります。不整合がないかどうかを確認するためにハッシュ関数と呼ばれる演算を使いますが、詳しい仕組みに関しては、7-8節にて説明します。

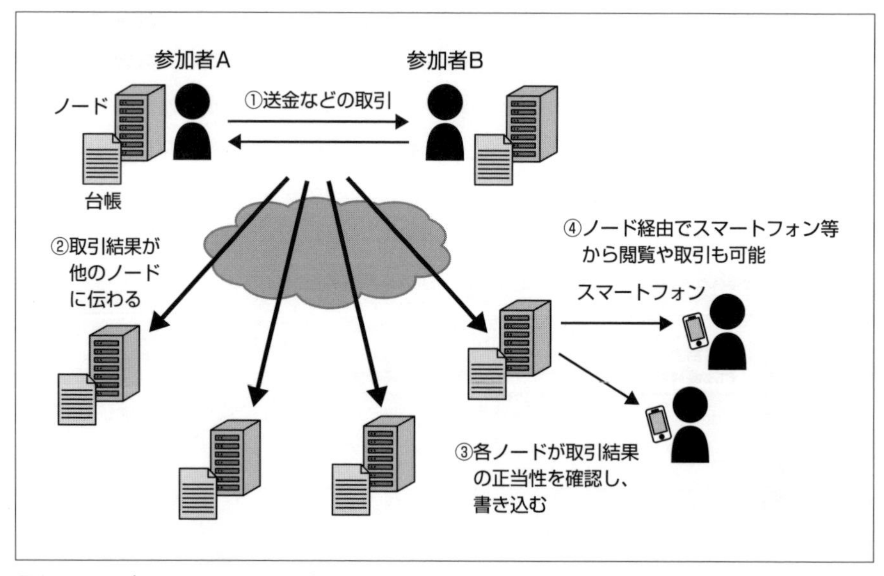

図2-10-3　ブロックチェーンの利用例

プライベート型のブロックチェーン

不特定多数の参加者によるパブリック型のブロックチェーン（分散型台帳の連携）は、透明性が高く改ざんによる不正を防げる一方で、記録されたデータが全てのノードにオープンになってしまいます。「改ざんできない」「消えない」「停止しない」環境を低コストで実現できるブロックチェーンの特性を利用しつつ、公開範囲を限定したプライベート型のブロックチェーンもあります。例えば、GMOインターネットグループは、PaaSのサービス「Z.com Cloud ブロックチェーン」を2018年1月より正式版として提供を開始しました。

ブロックチェーンの一種の「イーサリアム」をAPIでラッピング（ある機能を包み込み、他のシステムでも利用できるようにする仕組み）したプラットフォームを提供し、分散型アプリケーションの構築、運用を可能にしています。

GMOのサービスでは、各ノードにはトランザクション（取引）のハッシュ値（ハッシュ関数の演算結果）のみが記録され、データストアに保存された機密情報などのデータファイルは、権限を与えられたユーザだけが呼び出して閲覧することを可能にしています。利用例として、図2-10-4の「キーレス宅配ボックス」があり、2018年にテスト運用が行われました。

宅配ボックスに納入後（①）、ブロックチェーンに改ざんできない状態で登録すると（②）、指定した本人しか開けられないように施錠します（③）。利用者から解錠要求が来る（④）と、宅配ボックスを解錠し（⑤）、利用者は荷物を受け取ります（⑥）。荷物を受け取ったタイミングで自動的に課金することも想定されています。

改ざんがない堅牢なシステムが安価に提供できるブロックチェーンを、プライベート向けとして利用する場合は、さまざまなケースが考えられます。

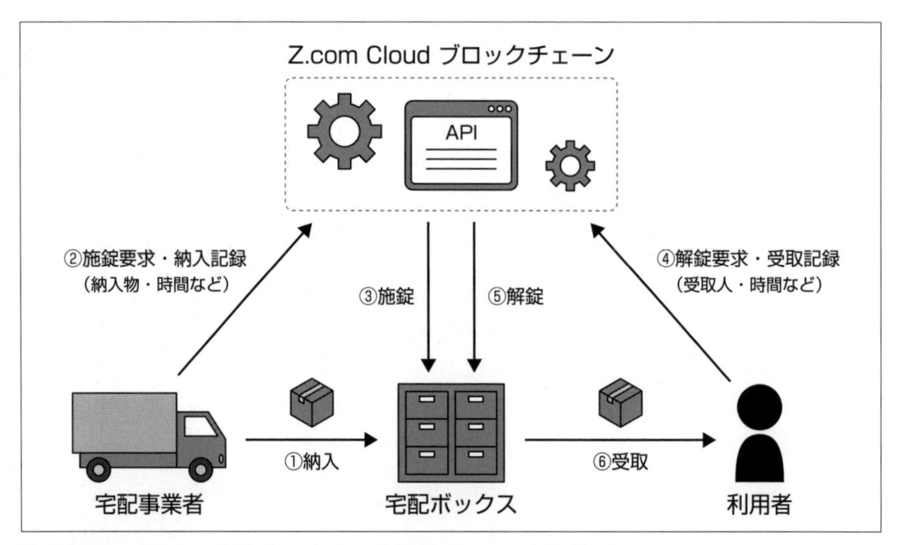

図 2-10-4　プライベート型ブロックチェーンの例「キーレス宅配ボックス」
出典：GMO インターネットグループのサイトを基に作成
https://cloud.z.com/jp/products/blockchain/

第3章

IoT デバイスを理解する

IoT システムにおいて、データを収集するセンサや駆動部分のアクチュエータを持ち、現実世界と仮想世界の橋渡しを担うのが IoT デバイスです。

本章では、IoT デバイスの構成要素について説明します。特に主要な構成部品であるセンサを理解することは重要であり、位置検知の仕組みやカメラなどの画像の取り扱い方について見ていきます。また、MEMS と呼ばれる半導体技術を使った小型化や、エナジーハーベスティングによる発電の仕組みなど、IoT デバイスを支える技術についても解説します。

本章の後半では、IoT デバイスを使ったプロトタイピングの手法を学びます。

3-1 IoTデバイス概要
現実世界とサイバー空間の橋渡しと通信

本書では、IoTにおけるデータの収集の役割を果たす部分や駆動部分をまとめて、IoTデバイスと総称します。IoTデバイスの特徴は、センサ部やアクチュエータ部を持つことです。センサ部はデータ収集、アクチュエータ部は駆動を担当し、それぞれ現実世界に対する入口と出口に相当します。本節では、IoTデバイスの概要について説明します。

IoTデバイスの役割

IoTシステムにおいてIoTデバイスは、現実世界とサイバー空間の双方を橋渡しするものと位置付けられます。現実世界の情報は例えば温度やカメラ画像のような計測可能量で、サイバー空間にデータとして取り込まれます。またサイバー空間から伝達されるデータは、ロボットや車などへの物理的な作用、あるいは映像や音声など人間の知覚に伝わる情報として現実世界へフィードバックされます。今の世の中で起こっていることは、既存の小さな電話端末から大きな乗り物や建物に至るあらゆるデバイスがIoT化されることで、それらが価値あるデータを流通するための媒体として再定義されていることです。

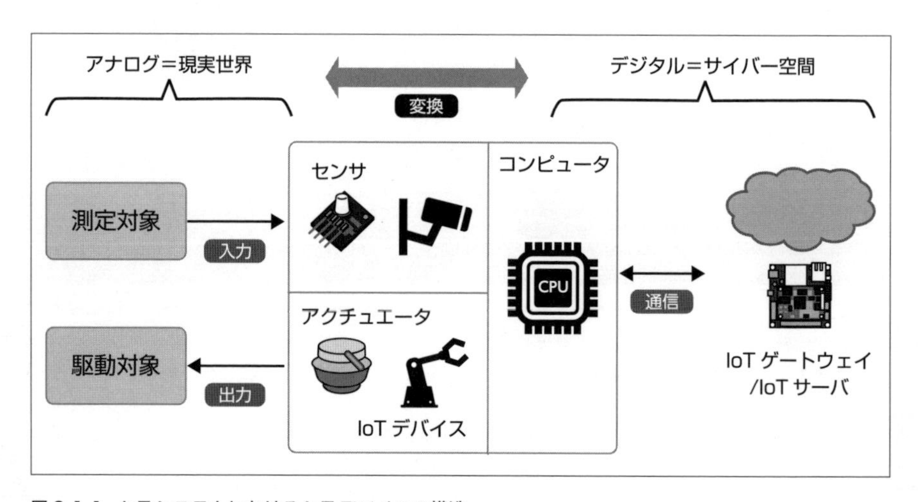

図3-1-1　IoTシステムにおけるIoTデバイスの構造

IoT デバイスの構成要素

IoTシステムにおけるIoTデバイスの構造を、図3-1-1に示します。IoTデバイスの構成要素は次の通りです。

①現実世界から情報を収集する、センサ
②現実世界へ作用する、アクチュエータ
③データを蓄積・計算 / 加工・通信する、コンピュータ

①センサ

センサは、対象となるさまざまな物理的、化学的な量を計測して取り込む入力機能を持ちます。温度センサや圧力センサなど、収集対象により多くの種類が製品化されています。 計測された量はA/Dコンバータ（アナログ/デジタル変換器）を通じて、デジタルデータとしてコンピュータへ取り込むことができます。

②アクチュエータ

アクチュエータは、エネルギーを機械的、物理的運動に変換して出力する機能を持ちます。

モータが代表的なアクチュエータです。特に、DCモータのように、電流のかけ方により駆動部分の回転方向や強弱が変わるものは、コンピュータのデジタル値をアナログ電気信号に変換するD/Aコンバータ（デジタル/アナログ変換器）を通じて制御を行います。

③コンピュータ

IoTデバイスの中核として機能し、センサ、アクチュエータ、通信モジュールを制御します。一般的なコンピュータと同じく、プロセッサ（CPU）、メモリ、電源を持ち、データの蓄積や計算/加工などの処理を行います。また近年、プロセッサ、メモリ、通信コントローラ、周辺機器制御などシステムの動作に必要な機能を、1個の半導体チップ上に集積したSoC（System on Chip）が一般的に使われるようになりました。これにより、小型化、低消費電力化されています。手軽に扱えるコンピュータという意味で、マイコンとも呼ばれます。

アナログ / デジタルと誤差について

図3-1-1において、現実世界の情報はアナログ量です。逆にサイバー空間では全てデジタル値です。表3-1-1はアナログとデジタルの違いをまとめたものです。

	アナログ	デジタル
扱われる場所	現実世界	サイバー空間
値の持ち方	連続（量的かつ時間的に）	離散（量的かつ時間的に）
情報量	無限	有限
参照や複製・経年変化	内容が劣化する。 情報を完全には再現できない	内容が劣化しない。 情報を完全に再現できる

表3-1-1　アナログとデジタルの比較

デジタルの世界では、扱われる値は離散（とびとびの）値で、アナログの世界を部分的に切り出して近似したものになります。ただし、情報量が有限であるためメモリなど記憶領域に保存することができ、通信や複製に伴う劣化がありません。さらに故障しない限り経年劣化がなく永久に値が保てるため、まさしくIoT向きといえます。

注意すべき点として、サイバー空間、現実世界、またそれら相互変換において、さまざまな要因で差異が生じます。これを誤差と呼び、その影響により、現実世界の解釈を誤り、また現実世界への作用が期待とずれます。表3-1-2は誤差の要因をまとめたものです。

誤差の要因	誤差の現れ方
センサやアクチュエータの個々の特性	同じ製品でも変換傾向が異なる
センサやアクチュエータの経年変化	時間が経つと変換傾向が変わる
変換タイミングに関する誤差	変換するごとに現れる結果のばらつき、 変換周期や変換処理遅延に伴う誤差
デジタルの計算による誤差	四捨五入など計算に伴う誤差
電磁波や熱などの外来ノイズ	値の恒常的な偏り、あるいは突発的なずれ
故障や破壊	値が取れない、あるいは制御できない

表3-1-2　誤差の原因

IoTシステムを設計するに当たって、誤差は必ず発生するため、誤差とうまく付き合いながら対策する必要があります。表3-1-3のような対策があります。

対策方法	対策例、内容
誤差の低減	センサやアクチュエータの選別や定期的な部品交換、 ノイズ低減シールドなど環境面に対する対策
許容誤差の設計	5% 以内の誤差は許容するなどの基準を設ける
統計処理による補正	複数回測定して平均値を採る、異常値を捨てるなど
セルフチェック機能	故障、劣化や異変を検知する
キャリブレーション (校正)	初期あるいは定期的に測定精度を手動調整する
フィードバック (自己補正)	現実世界との差異を測定部や計算部へ通知し自動補正する

表 3-1-3　誤差への対策

3-2 環境センサを使って測定するには
環境から情報収集する方法

本節以降は、さまざまなセンサを取り上げていきます。3-2 節では、環境情報を測定するセンサとともに、マイコンを使った測定方法についても学びます。

環境情報を測定するためのセンサ

温度や湿度などのさまざまな環境情報は、センサを使って測定することができます。ここでは、実際に入手しやすいセンサとのその使い方を紹介します。

温度センサ

温度センサは周辺の温度（単位 ℃ 摂氏 あるいは °F 華氏）を測定するためのセンサです。測定できる温度範囲などにより多くの種類があります。図3-2-1のサーミスタは入手しやすい製品ですが、測定値から実際の温度へ変換するための計算が複雑です。そこで、ここではより扱いやすい図3-2-2のIC温度センサ製品LM35の使い方を示します。IC温度センサは温度センサに加え、いくつか電子回路部品をパッケージにしたもので、実際の温度に比例した測定値が得られ、精度も安定しています。LM35では、中央にあるVoutピンのアナログ電圧読み取り値に係数を掛けることで温度が求められます。

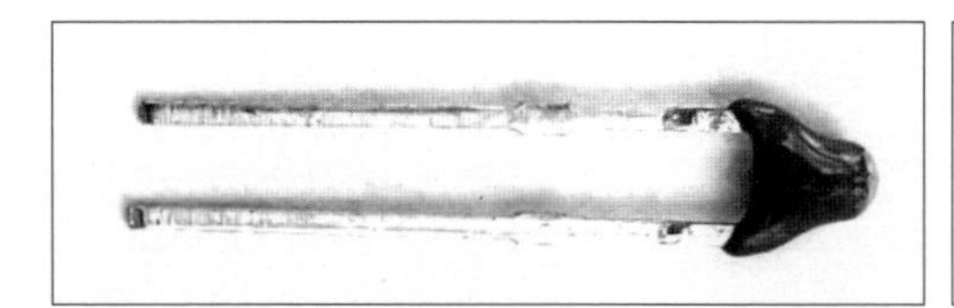

図 3-2-1　サーミスタ 103AT-2

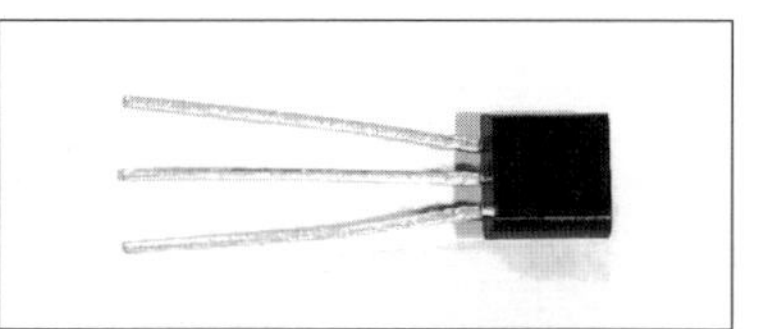

図 3-2-2　IC 温度センサ LM35DZ

図3-2-3にマイコンボードとの接続例を示します。図の右側では、マイコンとしてArduino（3-9節参照）を利用します。ArduinoはA/Dコンバータ内蔵のアナログ入力ポートを持つため、別途A/Dコンバータを用意する必要はありません。従って LM35の各ピンをそのままアナログポートへ挿し込む形で接続します。

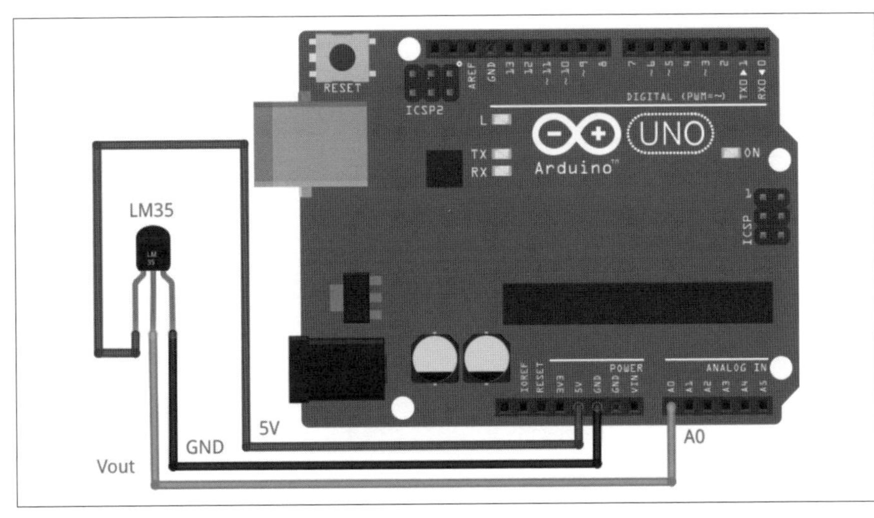

図 3-2-3　IC 温度センサとマイコンの接続例

Arduino側でのデジタル読み取り値に対して×500÷1024の係数を乗じることで実際の摂氏温度が求まります。例えば読み取り値が56の場合、実際の温度は27.3℃となります。

湿度センサ

湿度センサにより、周辺の湿度（単位 % 飽和水蒸気の割合）を測定することができます。温度センサと同様のIC型の製品、あるいは図3-2-4のような土壌に挿して使う土壌湿度センサなどがあります。

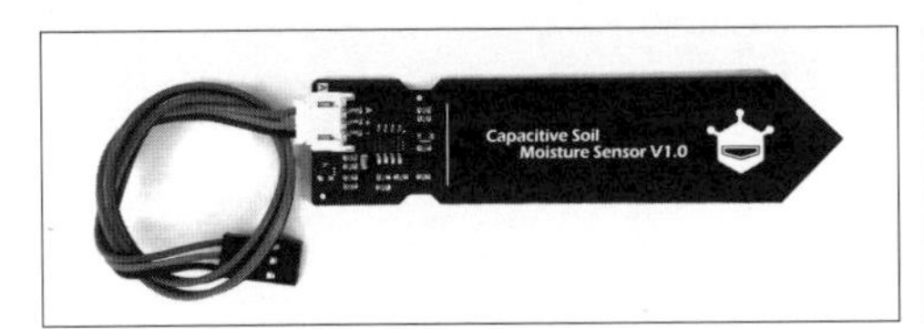

図 3-2-4　土壌湿度センサ SEN0193

図 3-2-5　温湿度センサ DHT11

ここで紹介するのは、図3-2-5の温湿度センサDHT11です。DHT11は温度と湿度を両方測定することができます。また、内蔵のシリアル通信※1コントローラにより、マイコンと通信する形で測定データが得られます。図3-2-6にマイコンとの接続例を示します。

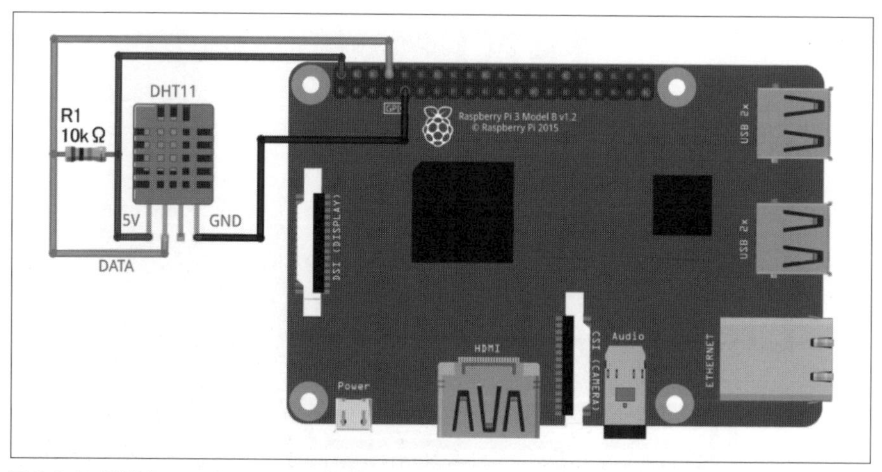

図3-2-6　温湿度センサとマイコンの接続例

図の右にあるマイコンボードは、Raspberry Pi（3-9節参照）を利用しています。DHT11のDATAピンをRaspberry PiのGPIO[※2]ポートへ接続して、通信アプリケーションまたはスクリプト[※3]を動かすことで、温度や湿度を測定します。10kΩの抵抗は信号を安定化させるためのプルアップ抵抗です。図3-2-7は、実際にRaspberry Pi上でPython言語のスクリプトを実行して測定した例です。

```
$ python dht11_example.py
Last valid input: 2019-06-18 07:58:35.155869
Temperature: 26 C
Humidity: 55 %
Last valid input: 2019-06-18 07:58:37.318215
Temperature: 26 C
Humidity: 55 %
```

図3-2-7　温湿度センサから情報を取得するコマンド実行例

※1「**シリアル通信**」：コンピュータ間通信方式の一種。1本の信号線上で1ビットずつデジタルデータを逐次的に転送する方式。

※2「**GPIO**」：General Purpose Input/Output。マイコン上の外部機器と接続するための汎用ポート（端子）で、デジタル/アナログ、また入力/出力信号の目的に応じて使い分けられる。

※3「**スクリプト**」：書いたままの形でプログラムとして実行できる、テキスト形式のファイル。

気圧センサ

気圧センサにより、気圧（単位 hPa ヘクトパスカル）を測定することができます。また、高い場所ほど気圧が低下する現象を利用して、高度計（単位 m 標高）としても使われます。

図3-2-8は、BME280とRaspberry Piを接続した実験例です。BME280は、温度、湿度そして気圧を測定できるMEMS（3-6節参照）チップが使われています。

図3-2-8 気圧センサ実験例

BME280では、I2C※1またはSPI※2通信により測定データを取得します。I2CやSPIは、シリアル通信方式の一種で、ArduinoやRaspberry Piなど多くのシステムにて利用可能です。少ないケーブル本数で多くの通信対象と接続できます。

光センサ

明るさを表す照度（単位 lux ルクス）を測定するセンサには、次のようなものがあります。明るさにより電気抵抗値が変化する、フォトレジスタ（図3-2-9）。光の強さに応じた逆起電力を生じる、フォトダイオード（図3-2-10）。RGB（赤緑青）ごとのカラーフィルタとフォトダイオード組み合わせたRGBカラーセンサ（図3-2-11）は色の測定ができます。

※1「I2C」：Inter-Integrated Circuit、オランダのフィリップス社が提唱した同期式シリアル通信方式。通信先の周辺機器をI2Cアドレスと呼ばれるID番号で指定する。

※2「SPI」：Serial Peripheral Interface、米国の旧モトローラ社が提唱した同期式シリアル通信方式。通信先の周辺機器をSS（Slave Select）と呼ばれる信号線で指定する。

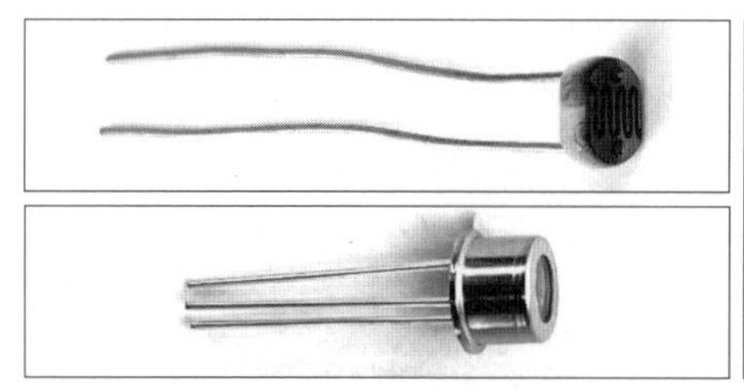

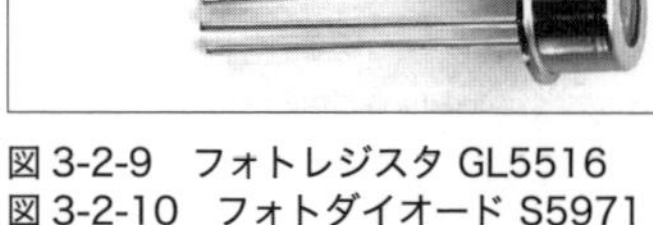

図3-2-9　フォトレジスタ GL5516
図3-2-10　フォトダイオード S5971
図3-2-11　RGBカラーセンサ S11059-02DT

流量センサ

水や空気などの流量（単位 m^3/s）を測定します。身近なところでは、水道メータなどに利用されます。図3-2-12のように、水道などの配管に対して超音波を横切らせる装置は、配管内の流量に応じて超音波の伝搬速度が変わる性質を利用しています。配管内を直接触らず流量が測定でき、設置しやすいことが特長です。

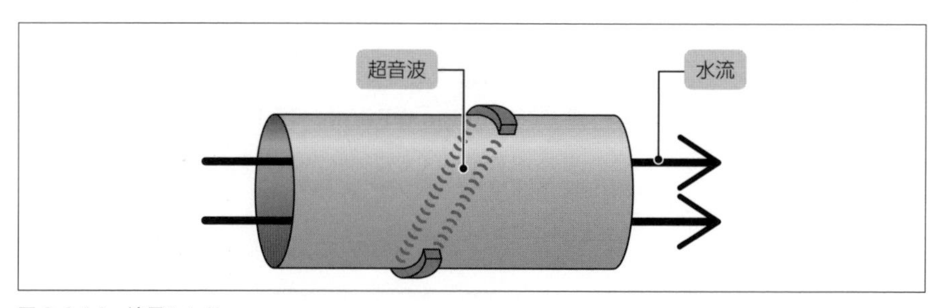

図3-2-12　流量センサ

マイコンとセンサの接続方式のまとめ

ここまで出てきた接続方式を含め、表3-2-1にまとめます。

<table>
<tr><th colspan="2">接続方式</th><th>接続構成</th></tr>
<tr><td colspan="2">アナログ</td><td>アナログポートへ接続、あるいはA/Dコンバータ経由でデジタルに変換</td></tr>
<tr><td rowspan="3">デジタル</td><td>シリアル通信</td><td>1線式（データ）</td></tr>
<tr><td>I2C</td><td>2線式（データ＋クロック）</td></tr>
<tr><td>SPI</td><td>3線+n式（データ入力＋データ出力＋クロック＋スレーブセレクトn本）</td></tr>
</table>

表3-2-1　センサとマイコンの接続方式

3-3 物理センサ・化学センサとは
いろいろなセンサについて理解する

自動車、ドローン、ロボットなどの機器の動作や姿勢を自動制御するには、まず自身の運動状態の把握が必須です。運動に関する情報は物理センサにより得られます。また、大気や水中の特定の成分を検知するには、化学センサが利用されます。ここでは、代表的な物理センサや化学センサを紹介します。

物理センサ

物理的なパラメータを測定するセンサは、物理センサと呼ばれます。「力」（単位N ニュートン）あるいは電気、磁気に関するものが物理センサの範囲です。物理センサには、次のようなものがあります。

①圧力センサ

外から加わる圧力（単位 Pa=N/m^2 パスカル）を測定するセンサです。バリエーションにより、気圧、水圧を測るのもあります。図3-3-1の圧力センサは、圧力を電気抵抗の変化として測定できます。マットや電子レンジのターンテーブルなどに使われ、乗ったものの重量を検知する用途で使われます。図3-3-2は、気圧を測定するICセンサです。その他にも、衝突など瞬間的な力の検知に使われる、衝撃センサなどがあります。また図3-3-3は、マイクで音つまり空気の振動を検知します。いずれのセンサも材料として、圧力を受けることで生じた歪みを電気的に測定できるものが使われます。

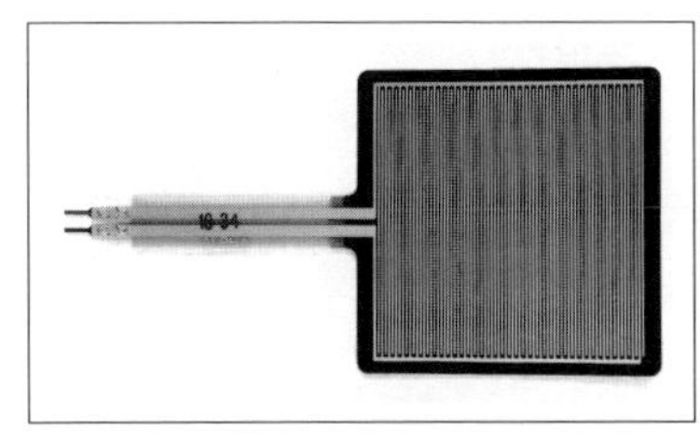

図3-3-1　圧力センサ ALPHA-MF02-N-221-A01
図3-3-2　気圧センサ MIS-2500
図3-3-3　コンデンサマイク C9767BB422LFP

②加速度センサ

物体に生じる加速（単位 m/s^2）も、「力」が正体です。加速度センサは、物体の加速の際に加わる圧力から測定します。図3-3-4の3軸加速度センサは、XYZ各軸の加速度をアナログ電圧値として測定し、空間的な加速方向と強さを測定することができます。なお、物体が進む方向は、その物体が受けるさまざまな力のベクトル（方向と大きさ）の合成結果として決まります。図3-3-5に、推進するドローンを例に力のベクトル関係を示します。

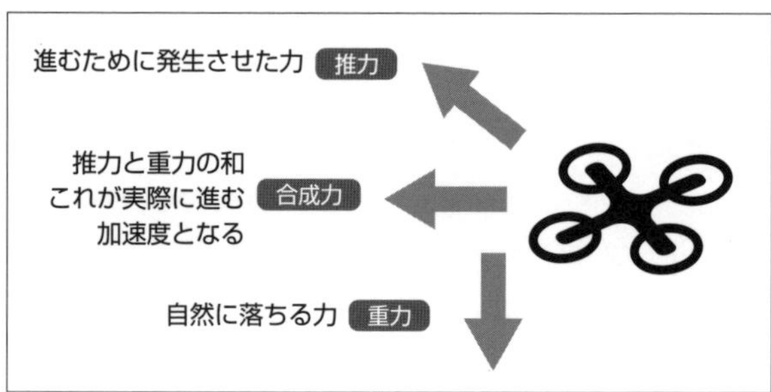

図3-3-4　3軸加速度センサ ADXL335
図3-3-5　ドローンの推力と加速方向の関係

③ジャイロセンサ

ジャイロセンサとは角速度センサとも呼ばれ、物体の回転運動（単位 rad/s 角速度）を測定することができます。図3-3-6のように、回転軸ごとに回転の強さを測定でき、XYZの3軸の測定ができれば空間的なあらゆる向きの回転を認識することができます。ドローンの運動状態検知によく使われるのは、6軸（加速度3軸、角速度3軸）です。さらに、図3-3-7の9軸（加速度、角速度、磁気）センサはI2C接続により全ての情報が収集できます。

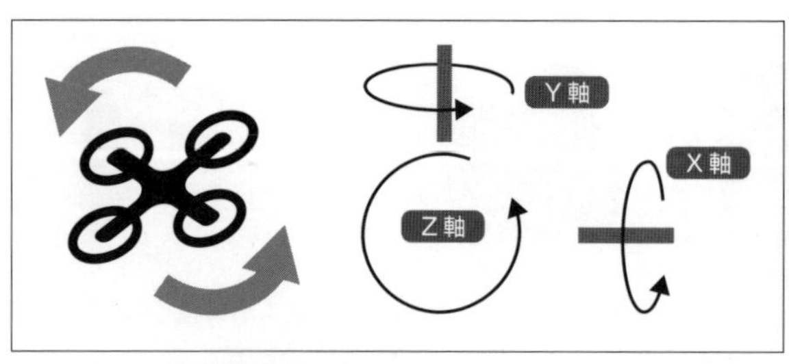

図3-3-6　3軸の回転軸と回転について
図3-3-7　9軸センサ BMX055

④測距センサ

測距センサは、離れた対象物との距離を測定することができます。車などに取り付けられ、障害物の検知に使われます。検知の仕組みとしては、超音波、赤外線などを対象物へ送出して、反射して戻ってくることでその存在を検知します。図3-3-8は、超音波測距センサで、超音波送信モジュールと受信モジュールがペアとなっています。

図 3-3-8 超音波測距センサ US-015

⑤磁気センサ

磁気の強さを測定するためのセンサです。地磁気を検出するコンパス(方位計)は、スマートフォンにも搭載されています。地中探査や生体内の代謝状況を可視化するといった分野にも応用されています。

化学センサ

化学センサとは、化学的な反応により物質や媒体中に含まれる特定成分の含有率を測定するセンサの総称です。材料には、検出対象の物質にのみ反応する選択性と呼ばれる特性が重視されます。また、測定により変質しやすく交換や較正（キャリブレーション）が必要となるものが多いのが特徴です。次のようなセンサがあります。

① pH（ペーハー）センサ

飲料水、プール、温泉、河川など水質評価に利用されます。pHセンサの構成を図3-3-9に示します。イオン選択性のガラス膜越しで、測定対象液とのH+イオンの濃度差に応じた電圧が発生することを利用します。基準pH液で満たしたガラス電極とイオン濃度差のない参照電極との電圧差から、pHを計算します。

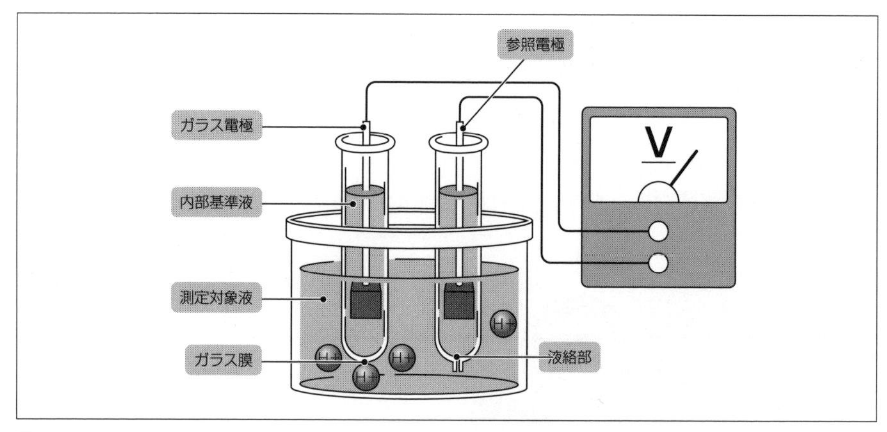

図3-3-9　pHセンサ

②空気品質センサ

大気中の成分濃度を測定するセンサは、空気品質センサと呼ばれます。一酸化炭素を検知できるガスセンサ、におい分子によりにおいの強さを測定するにおいセンサなどがあります。図3-3-10は、においセンサの製品例です。

③バイオセンサ

より生体に近い情報を測定する、バイオセンサも多くの種類があります。尿や血液中の糖分やタンパク質を測定するものや、特定ホルモンを検出するためにレセプタ（ホルモン受容体）などの免疫反応を利用するセンサもあります。図3-3-11は、血液中の血糖値を測定する製品の例です。

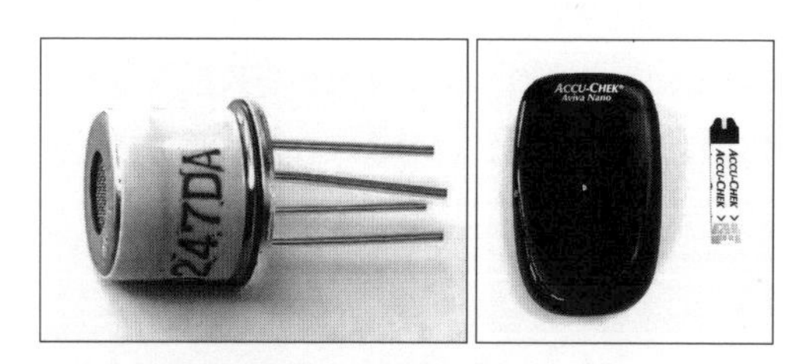

図3-3-10　においセンサ TGS2450
図3-3-11　血糖値測定器と測定用チップ アキュチェックアビバ ナノ

医療において近年、高性能化、モバイル化したバイオセンサを使った診察方法として、医療従事者が患者のそばで検査測定を行うPOC（Point-Of-Care）が導入されています。診断の迅速化と医療品質の向上が期待されています。

3-4 位置検知センサとは

屋内外で異なる方式

SNSやブログで画像データを共有したり、現在位置を地図上で確認したりする場合には、位置情報は重要なデータとなります。また、センサデータに加えて、センサの位置情報を付加して活用したい場合もあります。このようなときに必要となるのが、位置検知センサです。本節では、どのような位置検知センサがあるかを屋外、屋内に分けて説明します。

屋外の位置検知

屋外の位置検知ではGPS（Global Positioning System）がよく知られています。GPSは、米国の衛星測位システムですが、この他にもロシアのGLONASS（グロナス）、中国のCompass（北斗）、欧州連合が整備中のGalileo（ガリレオ）、日本の準天頂衛星（QZSS：Quasi Zenith Satellite System）などがあります。これらを総称してGNSS（Global Navigation Satellite System：全球測位衛星システム）と呼びます。

GNSS測位では、緯度、経度、高度の3次元位置情報の他に、正確な時刻を得ることができます。これらの値を計算で求めるために次項に記す通り、4機以上の衛星電波を受信する必要があります。つまり、都市部のビルの谷間や山間部の山岳・森林地帯、あるいはトンネルの中など4機未満の衛星電波しか受信できない場所では、位置を検知できないことになります。

カーナビが、トンネルの中でも位置検知しているのを経験している方も多いと思います。それが可能なのは、カーナビはGNSS（GPS）測位だけでなく、タイヤの回転を検知して移動距離を求める「オドメトリ（Odometry、自己位置推定法）」という方法や、加速度センサやジャイロセンサのデータを用いて現在位置を推定する「デッドレコニング（Dead Reckoning、自律航法）」という方法などを組み合わせて、いろいろな悪条件のときでも位置を検知できるようにしているからです。

GPS衛星

GPS衛星や、それを補強・補完する準天頂衛星［特定の一地域（例：日本）の上空に長時間とどまる軌道を取る人工衛星］は、各衛星が精密に同期した超高精度の原子時計を搭載しています。衛星の軌道位置から受信アンテナまでの受信時刻を計測すれば、電波が届くまでの時間を距離に換算して三辺測量[※1]の原理で位置座標を計算することができます。

求めるのが緯度（x）、経度（y）、高さ（z）であれば3つの衛星を受信するだけでよさそうですが、それは手元にも同じ超高精度の時計がある場合に限られます。この時間誤差が4番目の未知数となるため、最低でも4機の衛星からの電波を受信できないと測位計算で座標を求められません。

屋内の位置検知

衛星電波が届かない屋内や地下空間では、GNSSによる位置検知は困難です。各国がいくら測位衛星システムを充実させてもこの状況は変わらないため、屋内や地下空間の位置検知は世界共通の課題といえます。

屋内の位置検知の基本的な方式としては、位置情報を持つ対象物に対してセンサにより距離を測定します。距離を測定するセンサとして、超音波センサ、ドップラーレーダ[※2]、レーザ測距センサなどのように、対象物に超音波、電波、光などを当てて、反射して戻ってくる時間を計測したり、赤外線測距センサのように送信素子と受信素子の間隔に応じた受信角度を計測して距離を求める測距センサがあります。

また、無線LAN、超広帯域無線UWB（Ultra Wide Band）、BLEビーコン（BLE: Bluetooth Low Energy）などの電波を用いて、その電波強度や電波伝搬時間［電波は1ナノ秒（1×10-9s）間に約30cm進む］を計測して、対象物との距離を測るセンサもあります。

表3-3-1に位置検知センサを用いた屋内測位方式を示します。測位による位置情報の活用については、2-7節で解説しています。

※1 **「三辺測量」**：お互いに見通せる地上の3点を選択して三角形を作り、その3辺の長さを測定して、広範囲に測量基準点を決定する測量法。

※2 **「ドップラーレーダ」**：Doppler radar。ドップラー効果の原理を使って周波数の偏移を測ることで、対象物との相対的な移動速度や変位を計測するレーダ。

#	測位方式	精度	特徴
1	無線 LAN（電波強度）	～20m	既設アクセスポイントを利用できる
2	無線 LAN（伝搬時間）	1～5m	電波強度方式に比べ精度を出せる
3	UWB（伝搬時間）	0.1～1m	無線 LAN 方式に比べ精度は約 1 桁程度改善
4	IMES※1	10～15m	絶対座標情報を得られる
5	PDR※2	1～1.5m	誤差累積するが端末のセンサで実現可能
6	セミアクティブ RFID	数 m	ID を特定し、地点通過・方向検知ができる
7	レーザ人流検知	数 cm	タグを持たない移動物（人）を検知可能
8	赤外線ビーコン	2～3m	指向性を持たせることができる
9	BLE	1～10m	低価格かつ電池駆動可能
10	超音波ビーコン	3～10m	スマートフォンのマイク等で受信可能
11	可視光ビーコン	1m 前後	LED 照明への実装で到達範囲を絞れる

表 3-3-1　屋内測位方式一覧

※ **1「IMES」**：Indoor MEssaging System、JAXA（宇宙航空研究開発機構）などが開発した屋内測位技術。

※ **2「PDR」**：Pedestrian Dead Reckoning、歩行者自立航法。

3-5 画像センサとは
画像認識への応用とデジタルカメラの仕組み

画像は、コンピュータグラフィックス（CG）や動画などのデジタルデータで、コンピュータを使って閲覧や編集処理が行えます。さらにIoTにおいては画像認識により、何らかの意味情報を見つけ出すといったデータ活用に向けた側面も併せ持ちます。本節では、画像やデジカメの扱い方について見ていきます。

画像処理、画像認識について

コンピュータでの画像データの扱い方としては、次の3パターンがあります。このうち、画像処理と呼ばれるものは①および②です。

①画像→画像：狭義の画像処理（画像変換、圧縮/画質改善、可視化/CT※1）
②画像→特徴：画像認識（計測、検査、パターン認識/OCR※2、ロボット）
③特徴→画像：画像の生成（CG/アニメ、VFX※3/特撮映画）

特に、②の画像認識は画像から特徴情報を取り出す複雑で高度な分析処理が求められます。例えば、OCRに使われる認識手法は、あらかじめ文字の輪郭などの特徴情報を内部データとして持っておき、画像データに対してパターンマッチング［指定されたパターン（画像データ）と一致するものを内部データから探すこと］を行います。さらに、パターンマッチングの代わりに機械学習の手法を適用することで、文字の認識精度を向上させる例も増えています。

図3-5-1の工業用途向け画像センサの例では、撮影した画像から製品の傾きや寸法などの特徴情報を測定することで、特定目的に特化した判断が行われます。

※1 **「CT」**：Computed Tomography。コンピュータ断層撮影。

※2 **「OCR」**：Optical Character Recognition。光学文字認識。画像中に画として記載されているテキスト情報を、文字データとして抽出する技術やツール。

※3 **「VFX」**：CGやデジタル合成処理により、実写映像に加えられる視覚効果。

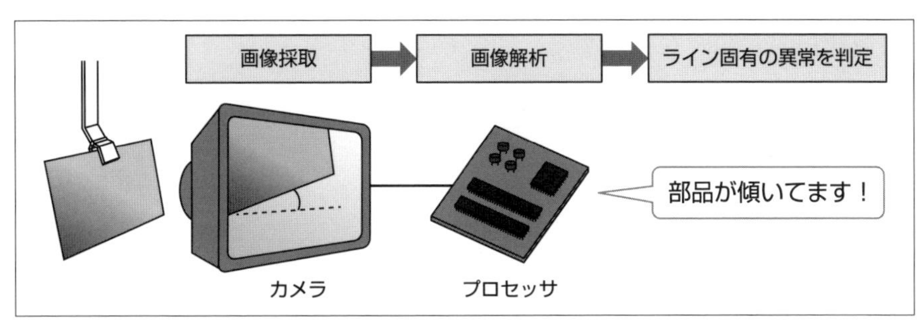

図 3-5-1　画像センサの工業用途での使用例

画像データの扱い方

画像の解像度※1や色深度※2がより高いほど、さらに動画ではフレームレート※3が高いほど、画質すなわち画像の表現精度が向上しますが、データサイズが大きいため画像処理や転送時のコンピュータ負荷が高くなります。IoTシステムで画像を扱うときは、リソース制限や要求される認識精度によって画質を落とす、あるいは安定した解析精度を確保するため画質をそろえる、といった画像処理を検討します。JPEG※4などの画像圧縮により、画質をなるべく保ったままデータサイズを小さくすることも可能です。図3-5-2に画質とデータサイズの関係、またデータサイズを節約するテクニックについて示します。

※ 1 **「解像度」**：画像を構成する、縦横の画素数。解像度が高いほど、構成される画素数が多く緻密な画像となる。4K（横 3840 ×縦 2160）やフル HD（横 1920 ×縦 1080。HD：High Definition）や、より低い SD（Standard Definition）といった構成が規格化されている。

※ 2 **「色深度」**：画素当たりの色情報量。bpp（bits per pixel）単位で表され、値が高いほど色のバリエーションが多く、画像の色表現が滑らかになる。フルカラー（24bpp = R：8bpp + G：8bpp + B：8bpp）やそれ以上の深度の規格も登場している。一方、モノクロ (1bpp ＝黒もしくは白) の形式もある。

※ 3 **「フレームレート」**：動画で 1 秒間に使用される画像フレーム（コマ）数。fps（frames per second）単位で表され、値が高いほど動画の動きが滑らかに再現される。アナログテレビでは 30fps、PC では 60fps あるいは最近では 100fps を超えるフォーマットも登場している。

※ 4 **「JPEG」**：代表的な画像圧縮形式の 1 つ。圧縮率が高くデータサイズを小さくできる特長を持つが、不可逆圧縮のため圧縮後は元のデータ・画質には戻せない。

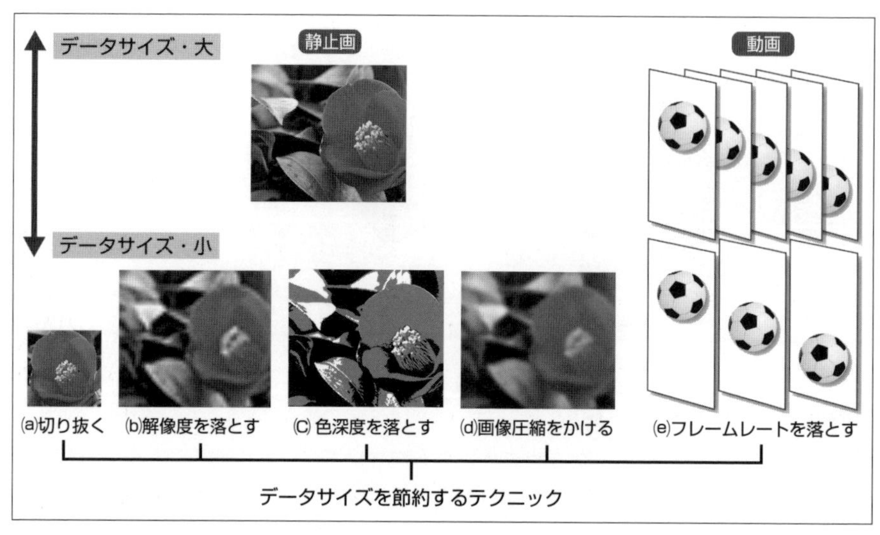

図3-5-2　画像と情報量の関係、データサイズを節約するテクニック

デジカメの仕組みと使い方

画像を撮影するには、デジカメ（デジタルカメラ）を使います。カメラ部分は、レンズとレンズを経由してきた光を取り込む撮像素子で構成されます。デジカメの構成について、図3-5-3に示します。撮像素子は、フォトダイオード※1が多数配列された構造で、アナログカメラでのフィルムに相当する部分です。カラーフィルタを通して入ってきた各画素に対応する光を、フォトダイオードがR（赤）G（緑）B（青）ごとの明るさ情報として読み取ります。フォトダイオードは読み取り方式によって、CCD型※2とCMOS型※3に大別されます。

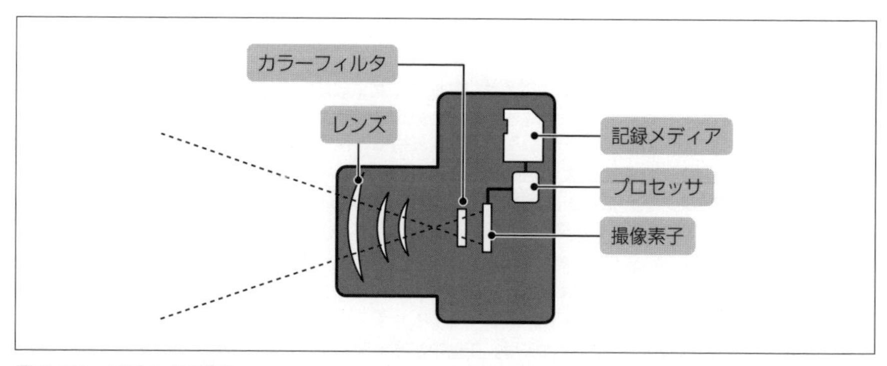

図3-5-3　デジカメの構成

レンズはアナログカメラと同じく、形状により広角（視野範囲、画角）や被写界深度（奥行き感）が決まります。また、レンズ形状により光の入りやすさを表すF値[※4]が決まり、最適な露出（明るさ）の画像を得るために、シャッタ・スピードを調整する必要があります。

図3-5-4は、これらのレンズ特性をまとめ、画像の印象を操作するテクニックとして表したものです。レンズを望遠にすると、遠くを撮影できますがF値が大きく比較的に暗くなります（図左上）。広角なレンズは逆の特性となり、広い視界の撮影に向いています（図右上）。また、絞り[※5]によってもF値を調整できます。絞りが大きいと被写界深度[※6]が深くピント（焦点）が合いやすい反面、動きのある被写体がぶれやすくなります（図左下）。絞りが小さいと、被写体の前後がぼやけたピントの合いにくい効果が得られます（図右下）。

なお、スマートフォンなどデジタル製品に搭載されるレンズの多くは、絞りやズーム機構がなく、F値が固定化されますが、画像処理により表現を調整することができます。

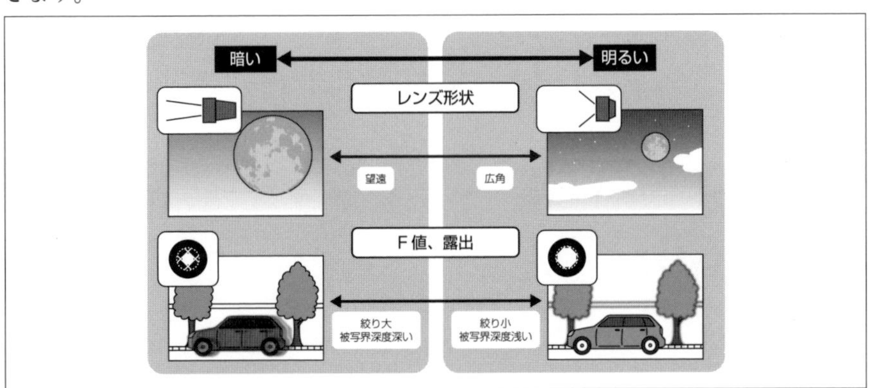

図3-5-4　カメラのレンズ特性

※1「**フォトダイオード**」: 光検出器として働く半導体で、撮像素子として使われる。光の強さに応じてチャージされた電荷の量を読み取る方式。

※2「**CCD**」: Charged Coupled Devices。電荷結合素子。固体撮像素子の1つ。

※3「**CMOS**」: Complementary Metal Oxide Semiconductor。相補型金属酸化物半導体。固体撮像素子の1つ。

※4「**F値**」: Focal Number。レンズの明るさを表す指標値。F1.4やF11のように表され、値が大きいほど取り込まれる光の量が少なく（暗く）なる。値が小さい方が高速撮影に向いている。

※5「**絞り**」: レンズの内側に備え付けられる可変径の穴。絞りの大（F値が大）小（F値が小）により、F値、つまり取り込まれる光の量を調整することができる。

※6「**被写界深度**」: 写真の焦点が合っているように見える被写体との距離（＝ピントの合う）範囲。

さらに高度な動画像を撮影するカメラとして、RGB-Dカメラが挙げられます。RGB-Dカメラは画像（RGB）に加えて奥行（Depth）センサを搭載し、図3-5-5の概念図で撮影します。撮影された画像からはコンピュータビジョン(4-6節)による処理で、3次元画像データやジェスチャ※7情報が得られ、特にジェスチャはIoTデバイス向けのNUI※8として利用することができます。民生用のRGB-Dカメラとしては、MicrosoftのKinectが先駆けで、IntelのRealSenseなどが販売されています。

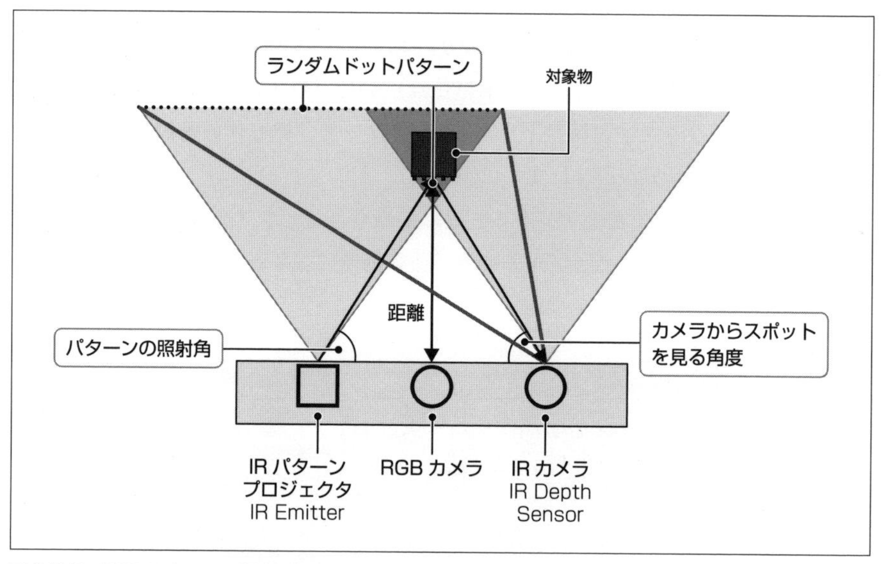

図3-5-5　RGB-Dカメラの概念図

※7「ジェスチャ」：意思伝達を行う手段としての身振り手振り表現。

※8「NUI」：Natural User Interface、会話、ジェスチャあるいはタッチパネル操作など、マウスやキーボードに依存しない、より自然なコンピュータ入力インタフェース。

3-6 MEMSとは
ミクロの電子機械システム

MEMSとは、Micro Electro Mechanical Systems（微小電子機械システム）の略称で、メムスと呼ばれています。主要部品は、半導体製造技術を使って形成されますが、構造が立体的で可動部を持つという点が一般の半導体素子との相違点です。半導体製造技術を使うことによって、マイクロ化（Micro）や大量生産（Mass Production）を可能にするのをはじめ、センサ回路や駆動回路、信号処理回路・インタフェース回路などを集積化して、複合機能（Multi Function）を実現することができます。高付加価値化のキーデバイスとして、自動車をはじめ、タブレット端末・スマートフォンやゲーム機のコントローラに大量に使われています。本節では、MEMSの特徴と構造、利用分野について解説します。

MEMSの特徴

MEMSは、エッチング※（Etching）でMEMS構造体を作る「表面マイクロマシンニング」、シリコン基板自体を加工して構造を形成する「バルクマイクロマシンニング」といった半導体製造技術を使って、機械構造体を持った素子を形成します。半導体製造技術を使って製造することから超小型、高精度、高品質、低コストを実現することが可能です。

図3-6-1に示すように機械的構造による可動部品に周辺電子回路を集積化することが可能です。1つの基板上に、センサや信号回路、アクチュエータなどを搭載することで、入出力としてエネルギーや機械的変位、物体との距離や温湿度などの物理量を取り扱うことができます。さらに、微細化によって並列化や集積化を行うことが容易で、複数のセンサを同時に協調動作させることで、より高性能化を実現することができます。

※**「エッチング」**：半導体（LSI）の製造工程において、半導体の一部を必要に応じて除去する表面加工の技法。

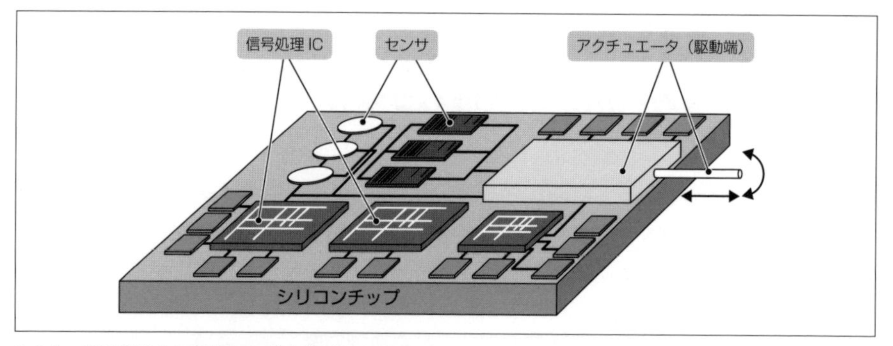

3-6-1　機械構造と周辺電子回路を集積したMEMS
出典：NEDO実用化ドキュメントの情報を基に作成
https://www.nedo.go.jp/hyoukabu/articles/201316omron/index.html

MEMSの利用分野

MEMSの利用分野は、以下の通りです。

・機械的（あるいは化学的）な変化を電気信号に変換するマイクロセンサ系
・機械的出力を取り出すマイクロアクチュエータ系
・MEMS構造によって微小エネルギーを回収するエナジーハーベスタ（Energy Harvester、自立型振動発電デバイス）

1980年代半ばから、エアバッグシステム（加速度センサ）、ABS※作動装置（加速度センサ）、エンジン制御システム（圧力センサ）、燃料噴射システム（エアフローセンサ）などの自動車用センサとして実用化されています。その他、インクジェットプリンタのインク噴出部、ハードディスクのヘッド用マイクロアクチュエータとして、ヘッドの精密位置決めに利用されています。

①スマートフォン

スマートフォンには、モーションセンサをはじめ、音響部品としてMEMSマイクロフォン、RF MEMSデバイス（高周波回路の切り替えなどに利用）部品が多数搭載されています。温湿度やアルコールセンサなどの環境センサ、MEMSプロジェクター搭載スマートフォンも実現されています。

※**「ABS」**：Antilock Brake System。アンチロック・ブレーキ・システム。急ブレーキなどの操作において、車輪のロックによる滑走を低減する装置。

②自動車

1980年代から、MEMSセンサが利用されてきた自動車の世界でも、さまざまなMEMSセンサが搭載されています。エンジンを制御する圧力センサ（燃料噴射圧、空気吸入圧、燃料タンク残量、エンジンオイル圧力）、姿勢制御（ABS、横滑り防止）、安全の確保（エアバッグ、タイヤ空気圧、シートベルト）、アイドリングストップ（加速度センサ）、車内環境の制御（温湿度センサ、結露センサ、CO_2センサ）など、自動車にはMEMSセンサはなくてはならない存在となっています。自動車に搭載されるMEMSセンサを図3-6-2に示します。

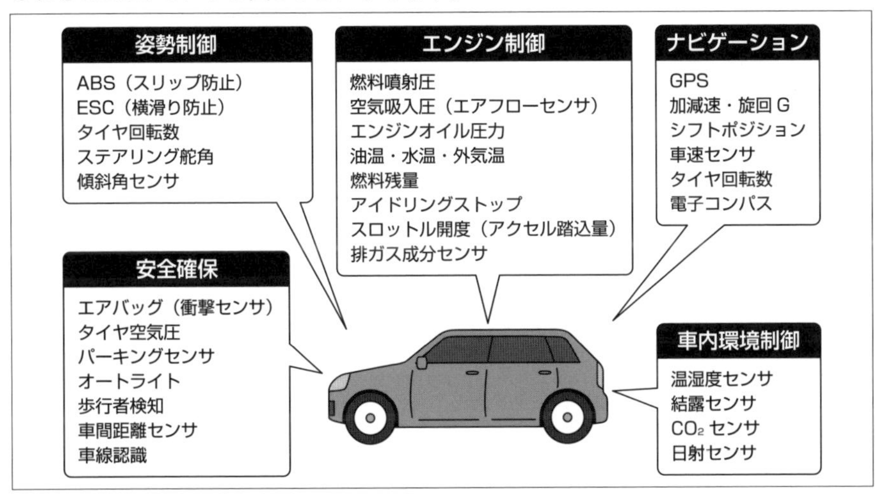

図 3-6-2　車に搭載される MEMS などのセンサ
出典：一般財団法人マイクロマシンセンターの情報を基に作成
http://www.mmc.or.jp/info/cafe/talk/ibeans/docs/beans201710.pdf

③利用が期待される分野

IoTの普及に伴って、センサネットワークを活用した常時・継続的な監視（モニタリング）により、さまざまな社会的課題への対応が期待されています。塵芥センサやガス（CO_2）センサを使った環境のモニタリングをはじめ、道路や橋梁、トンネルなどの社会インフラ劣化の検出、さらに都市インフラ（電気・ガス・上下水道・通信など）の安定供給確保の他、エネルギーを収集してエネルギー源とするエナジーハーベスタとしての活用も期待されています。また、マイクロポンプやマイクロミキサを集積したμTAS（Micro Total Analysis System）と呼ばれる、チップ上で化学分析・化学反応を行うMEMSの研究も進められています。

3-7 エナジーハーベスティングとは
環境エネルギーの有効活用

IoTデバイスによる情報収集では、外部電力が供給できない場合も多くあり、またバッテリー（電池）では動作時間に制約があるため、振動・温度差・室内光・電波など周辺環境から微弱なエネルギーを集めて利用するエナジーハーベスティング（Energy Harvesting、環境発電）が注目されています。発電量は、微小電力であるため、IoTへの適用では、ワイヤレススイッチやセンサモジュールの駆動に利用されています。本節では、エナジーハーベスティングの概要を説明します。

利用可能な環境エネルギー

身近で利用可能な環境エネルギー源は、図3-7-1に示すように太陽光をはじめ室内光、振動、熱、さらにスイッチを押すことや窓を開けるなどの動作の他、風、雨などがあります。これらの身近なエネルギー源からの発電には、次のような方式があります。

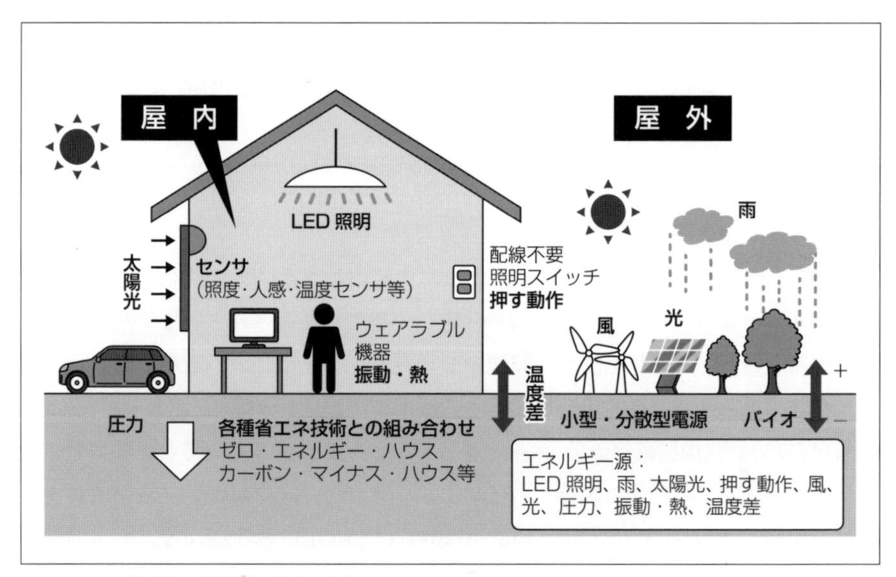

図3-7-1　利用可能な環境エネルギー源
出典：エナジーハーベスティングコンソーシアムの情報を基に作成

①光発電

光エネルギーをエネルギー源とする発電です。バルク結晶を用いる結晶シリコン系が現在の太陽電池の主流で大電力が可能であり、アモルファスシリコン（非晶質シリコン）や微結晶シリコンを使う薄膜シリコン系は、室内光で発電できるが電力が小さいという欠点があります。比較的新しい色素増感太陽電池（DSC：Dye Sensitized Solar Cell）は、一般の太陽電池では十分な発電効率が得られない低照度下でも、高い効率で発電することが可能な太陽電池です。屋内や直射日光が得られない北向き・日陰・垂直設置などの状況で利用することができる他、形状をフレキシブルに変化できるというメリットがあります。有機半導体を使った、有機薄膜太陽電池の研究も進んでいます。

②熱発電

モータ、エンジン、その他の機械の発する熱エネルギー、ビルや工場の配管などから発する熱エネルギーを利用する発電です。ゼーベック効果によって発電するゼーベック素子やペルティエ素子を利用した温度差発電が主流です。ゼーベック素子は、温度差がないと低効率、構造が複雑で平らな面以外で使うことが難しいという課題がありますが、たき火の熱を使って発電するキャンプ用ストーブなどが実用化されています。

一方、2008年に日本で発見されたスピンゼーベック効果※を利用したスピンゼーベック素子は、変換効率が極めて低いという課題がありますが、構造がシンプルで大面積化することにより大電力が取り出せるという特徴に加え、異常ネルンスト効果と呼ばれる磁気熱電効果を併用することで従来比10倍以上、開発初期と比較して100万倍に改善され今後の実用化が期待されています。

③振動発電

モータ、エンジン、その他の機械の発生する振動エネルギー、橋や道路などの建造物が発する振動エネルギーを利用する発電です。押す動作から振動エネルギーを

※**「スピンゼーベック効果」**：東北大学金属材料研究所の内田健一准教授（当時）らによって2008年に発見され、2016年11月（米国時間）に、米国物理学誌「Physical Review Letters」オンライン版で公開された。
http://www.jst.go.jp/pr/announce/20150108/
http://www.wpi-aimr.tohoku.ac.jp/jp/news/press/2016/20161111_000671.html

得て発電するスイッチが実用化されています。振動発電は、振動源の周波数に発電性能を依存しますが、ワイドバンド型振動発電の開発によって振動が一定ではない機械装置でも発電が可能となってきています。竹中工務店は、建物の制振装置を応用した振動増幅器を開発し、振動発電装置単体と比較して45倍の発電量を実現した他、パナソニックは圧電効果を利用した振動発電方式に注力するなど、新しい技術による開発が進んでいます。

④電波エネルギーの利用

交通系ICカードSuicaやPASMOなどは読み取り器から送られてくる電磁波(電波)のエネルギーによって動作しています。このように電波もまたエネルギー源として利用することができます。生活空間に存在する放送・通信用のエネルギーとしては未利用の電波を利用することで、安定したエネルギーを得る研究も進められています。実用化されれば、自然エネルギーを利用する発電と異なり、天候や気象などの影響を受けにくくなると期待されています。

エナジーハーベスティングの適用

エナジーハーベスティングで得られたエネルギーを効率的に利用するためには、低消費電力で動作する省エネ回路を組み合わせて利用する必要があります。このため発電デバイス、センサ、通信モジュールを組み合わせた製品が提供されています。EnOcean（エンオーシャン）は、エナジーハーベスティングを利用して無線通信を行う技術です。スイッチを押すという動作を電磁誘導の技術を利用して電力として利用し、すでに各種スイッチや人感センサなどが製品化されています。

この他、LIXILでは、吐水（とすい）のパワーを電気エネルギーに変える「アクエナジー」を1980年代に特許取得して実用化、同社の自動水栓に利用しています。BioLiteのキャンプストーブは、たき火の熱を使って発電しファンを駆動して燃焼効果を上げたりスマートフォンを充電できます。また、スター精密からは、人の歩く振動で発電する電池レスビーコンが実用化されています。自動車のタイヤの空気圧を監視するシステムのTPMS（Tire Pressure Monitoring System）として、タイヤの振動を利用して発電するシステムがIMEC※から発表されています。

※**「IMEC」**：Interuniversity Microelectronics Centre。ベルギーに本部を置く次世代エレクトロニクス技術の研究・開発を行う国際研究機関。1982年創設。

3-8 プロトタイピング環境

IoTにおけるプロトタイピングの必要性

IoTシステムの構成要素は固有かつ多方面にわたり、IoTデバイスから、IoTゲートウェイやIoTサーバとの連携、データの蓄積と活用そしてアプリケーションまで、これらを組み合わせて目的の機能と品質を向上することが求められます。また限られた時間とリソースで、開発者の技術や知識がこれらの各要素に適合するか、実現性や品質が十分かを検証する必要があります。

IoTにおけるモノづくりの実践

近年広がりつつあるモノづくり活動は、インターネットやSNSなどのネットワークおよび、3Dプリンタやレーザカッターなど高精度ながらも個人で所有できるツールを活用した、パーソナルファブリケーション（個人製造）のスタイルです。そして個人によるアイデアがそのままネットワーク上で製品化され流通する、製造業の新たな潮流としてメイカームーブメント（Maker Movement）と呼ばれています。

メイカームーブメントにおけるモノづくりの原動力となるのは、「店に置いてないものは自分で作ってみる」「身近な工作機械で自らデザインし、試作してオンラインで共有する」「作ってから売るのではなく、売れるものを作る」というマインドで、スピード実現を目指すプロトタイピングと多くの部分で共通しています。

プロトタイピングサイクルと製品のリリースサイクル

プロトタイピングを製造フェーズと比較すると、その特徴として、時間とコストの削減により早く改良のサイクルを回せることが挙げられます。図3-8-1は、製品のリリースサイクル上で比較したものです。プロトタイピングを繰り返すことで、アイデアや品質をブラッシュアップし、基準を満たしたのちに実製品として量産する流れになります。

いったん製品として出荷されたIoTデバイスには、設置場所にて数年以上稼働し続ける前提のものもあるため、設計段階の不具合は取り返しがつかないリスクとなります。プロトタイピングでは、失敗によるリスクがほとんどありません。プロトタイピングにて、問題点や課題を十分に洗い出しておくことが重要です。

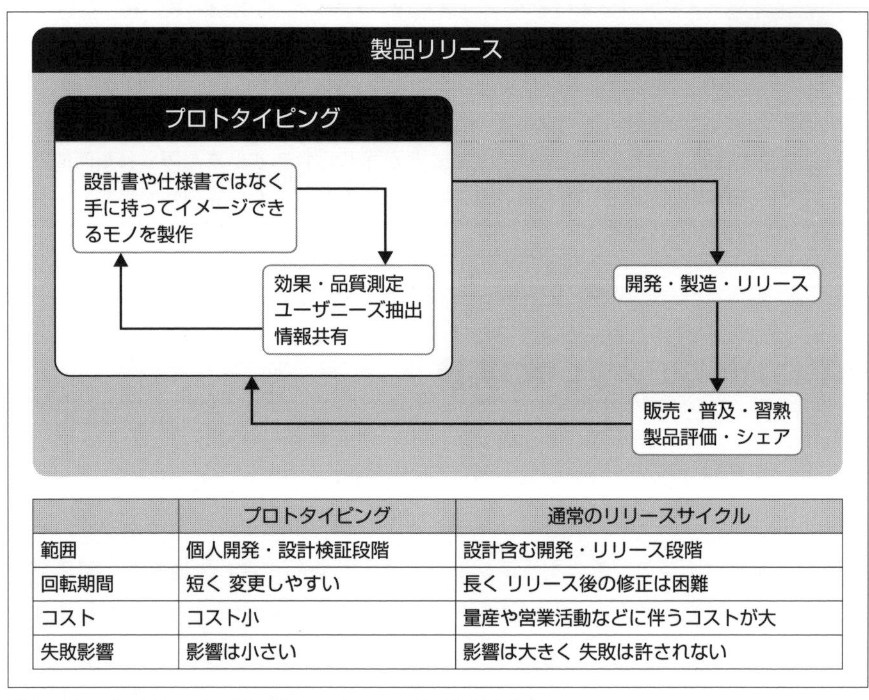

	プロトタイピング	通常のリリースサイクル
範囲	個人開発・設計検証段階	設計含む開発・リリース段階
回転期間	短く 変更しやすい	長く リリース後の修正は困難
コスト	コスト小	量産や営業活動などに伴うコストが大
失敗影響	影響は小さい	影響は大きく 失敗は許されない

図3-8-1　プロトタイピングと製品のリリースのサイクル比較

クラウドファンディング

クラウドファンディング※は、インターネットと個人指向の潮流から生まれた資金調達の仕組みです。図3-8-2に示すように、サービスアイデアを提示して直接ユーザから資金提供を受け、製品サービスを開発・提供します。多数のユーザから少額ずつの出資・寄付を受けるために、ネットワークの仲介システム上でコミュニケーションが行われます。集めた資金は、法律上返済する義務はないものの、完成品やお礼などリターンを贈り届けることが、資金提供条件（事実上の購入）であるのも多く、サービス、製品を満足するレベルで完成させる、という信頼が担保となる点に注意が必要です。

※**「クラウドファンディング」**：Crowdfunding、ある新ビジネスのアイデアを実現するために、インターネット経由で不特定多数の人々や組織から資金を集める方法。

Kickstarter（キックスタータ）（米国で2008年設立）は、米国の民間営利企業によるクラウドファンディングプラットフォームです。プロトタイプやアイデアを、サイト上に公開して直接ユーザから資金提供可否の賛同を受け付けます。設定した期限内に目標数の賛同が集まったらプロジェクトとして成立となり、集まった資金はプロジェクトの責任者に渡されます。

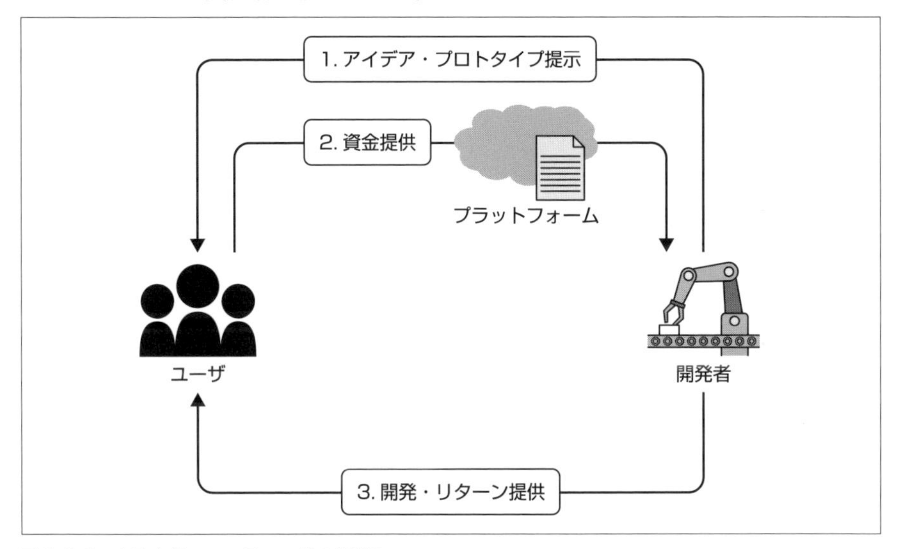

図3-8-2　クラウドファンディングの仕組み

スキル創出

個人に眠っているアイデアやモノづくりのプロトタイピングスキルを、企業が発掘しメイカームーブメントを後押しする試みとして、ハッカソン※1、アイデアソン※2、メイカソン（モノづくり）を競う大会が催されています。優秀なアイデアやスキルに報奨が与えられ事業化を促すこともあります。

また、製品やサービスの開発に当たり、クラウドソーシング※3を適用するケースも増えています。ネット上で幅広いスキルの人材を募集して契約でき、Webデザイン、文章や音楽の作成、またプログラミング分野によく利用されます。ただし、発注受注者の相互信頼性や著作権などのトラブルに注意する必要があります。Topcoder※4（米国2001年設立）は、米企業が主催するクラウドソーシングのサイトです。競技プログラミングと呼ばれる開発課題を解くコンテスト形式で、参加者をランキングし賞金も支払われます。アルゴリズムやデザインなど、事業分野ごとにコミュニティが分かれます。

※1**「ハッカソン」**：ハック（Hack）とマラソン（Marathon）の合成語。与えられた特定のテーマに関して、参加者が技術やアイデアを持ち寄って、短期間（最長で1週間程度）に集中してサービスやアプリケーションなどを開発（プロトタイプ）し、競い合うこと。

※2**「アイデアソン」**：アイデア（Idea）とマラソン（Marathon）の合成語。特定のテーマに関して、短期間にアイデアを出し合い、ビジネスモデルの構築などについて議論していくこと。アイデアソンは、ハッカソンの前段の議論として位置付けられていたが、最近は単独でも行われるようになった。

※3**「クラウドソーシング」**：Crowdsourcing、開発プロセスとして、製品やサービスに必要となる技術や資材（コンテンツやソースコード）を不特定多数から募る方式。

※4**「Topcoder」**：国内では、TC3社が窓口となりTopcorderのコンテストを主催。国内大手企業や官庁での利用例がある。

3-9 マイコンとプログラミング環境
プロトタイピングに使えるツール

IoTシステムの開発に当たって、多少ともソフトウェア開発にかかわることになります。この節で紹介するいろいろな開発ツールは、個人でも入手しやすくプロトタイピングに適しています。

オープンラボ

オープンラボとは、研究機関や商業施設などの研究室（ラボ）を公開し、プロトタイピングに役立つツール機材や、技術者間の交流促進の機会を提供することで、研究活動を活性化し、新たな発想を生むことを狙いとしています。また、自由に使えるコンピュータ、はんだこてからカッティングマシン、3Dプリンタまで電子工具がそろっていて、個人が自由に利用できる環境が増えています。このようなラボ環境はファブラボ※1と呼ばれ、モノづくりやアイデア具現化のスピードアップに活用されます。

マイコン

IoTデバイスなど、センサやアクチュエータを扱いデータを加工処理し、IoTサーバと通信するためのプロセッサが必要になります。代表的なプロセッサボード製品（マイコン）として、手のひらサイズかつ数千円レベルで入手できるRaspberry Pi※2（ラズベリーパイ、図3-9-1）、Arduino※3（アルデュイーノ、図3-9-2）があります。

※1 **「ファブラボ」**：Fablab、Fabrication（モノづくり）、あるいはFabulous（すばらしい）とLaboratoryの造語。世界中1000拠点以上を結ぶ、実験的な市民工房ネットワークで、日本も15拠点以上のファブラボがある。

※2 **「Raspberry Pi」**：英国のラズベリーパイ財団によって開発されているARMプロセッサを搭載したワンボードマイコン。

※3 **「Arduino」**：イタリア発祥のワンボードマイコンで、プロトタイピングを低価格で実現する目的で開発された。Arduino Holdingが製造販売を行い、Arduino Fundationから開発環境が公開されている。オープンソースハードウェアとして、多くの派生モデルが存在する。

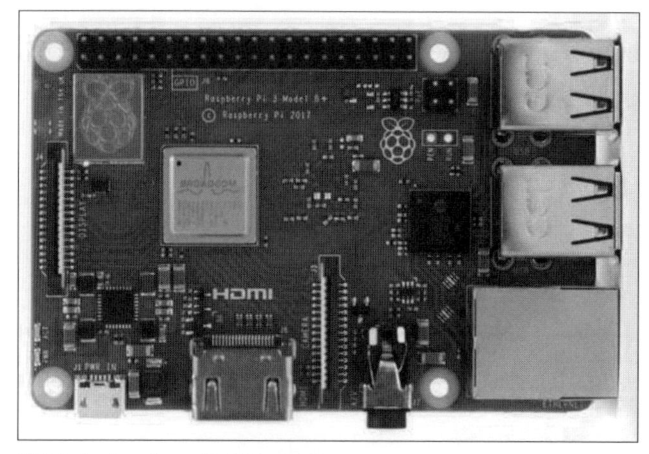

図3-9-1　RaspberryPi 3 Model B+

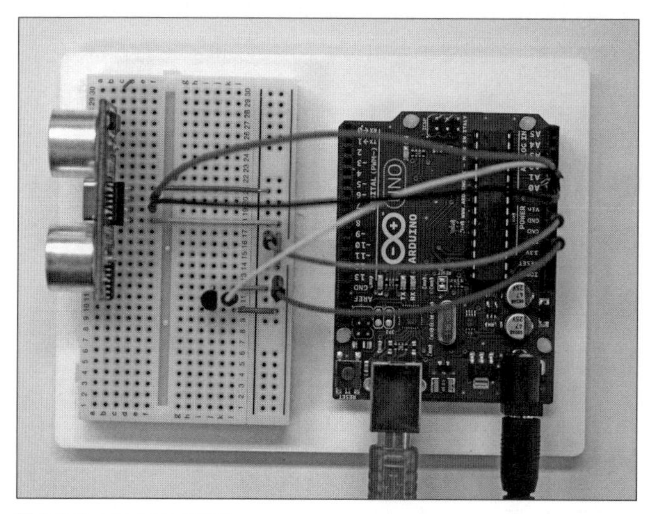

図3-9-2　Arduino UNO

Raspberry Piは、LinuxなどのOSが動作し、パソコンとしても利用できるほど高性能で、多くのアプリケーション資産が利用できます。一方、Arduinoは、GPIO、PWM※4出力、A/D（アナログ／デジタル）変換など豊富なインタフェースを備え、低消費電力であることなどの扱いやすさが特長です。

※4「**PWM**」:Pulse Width Modulation、パルス幅変調。パルス（矩形波の電気信号）の振幅は一定で、パルス幅を信号に応じて変化させる変調方式。

IoTサーバ

IaaS、PaaS、BaaS、SaaSなど、クラウドコンピューティングを利用することで、IoTサーバを短時間で構築することができます。AmazonのAWSやMicrosoftのAzureなどのサービスが利用できます。クラウドコンピューティングの利点は、インターネットなどのWAN接続がサービスに含まれている点、またノード数、CPUなどのリソース、アプリケーションなどのリソースを使用状況に応じていつでも変更できる点です。プロトタイピングでは最小リソースで検証を行い、本格的なシステム構築フェーズで拡張していく、といった使い方が可能です。

API連携

インターネット上では、各社からユニークなWeb APIが提供されています。電子メールやSNS連携、音声認識や画像認識など、これらWeb APIを組み合わせて連携させることで、短時間で高度なアプリケーションを構築することができます。IFTTT※やMicrosoft Flowが、IoTデバイスとこれらWeb APIを連携させるツールを提供しています。これらはGUIで手軽にアプリケーション開発ができ、レシピやフローと呼ばれる形で、豊富に用意された機能コンポーネントから連携条件を指定してつなぎ合わせます。

オープンな開発言語

プログラミングは、コンピュータへ目的動作を直接指示する手段としてソフトウェア開発の基本となります。プログラミングのための言語は、多くがオープン化され利用しやすくなっています。Python※1は、広く普及しているスクリプト言語の1つで、多くのライブラリモジュールが追加利用できます。特に、機械学習などデータサイエンス系のライブラリが充実しています。Scratch※2は、図3-10-3のようなGUIベースのプログラミング環境です。命令ブロックをマウスにより配置すること

※**「IFTTT」**：イフト、IF This Then That、「もしコレをしたら、アレをこうする」という意味。

※1**「Python」**：Guido van Rossum氏により1990年代に公開されたオブジェクト指向プログラミング言語。

※2**「Scratch」**：マサチューセッツ工科大学のMedia Labにより開発された、グラフィカルなプログラミング環境。

で処理を記述できるため、プログラミング言語が苦手なユーザでも取り組みやすいのが特長です。他にも、いろいろなプログラムの開発物をインターネット上で共有する仕組みが整っています。Git※3を使ってアクセスできるGitHub※4が代表的なもので、多くの開発者による開発物が共有されており、ローカルにあるコンピュータにすぐ取り寄せて利用することができます。

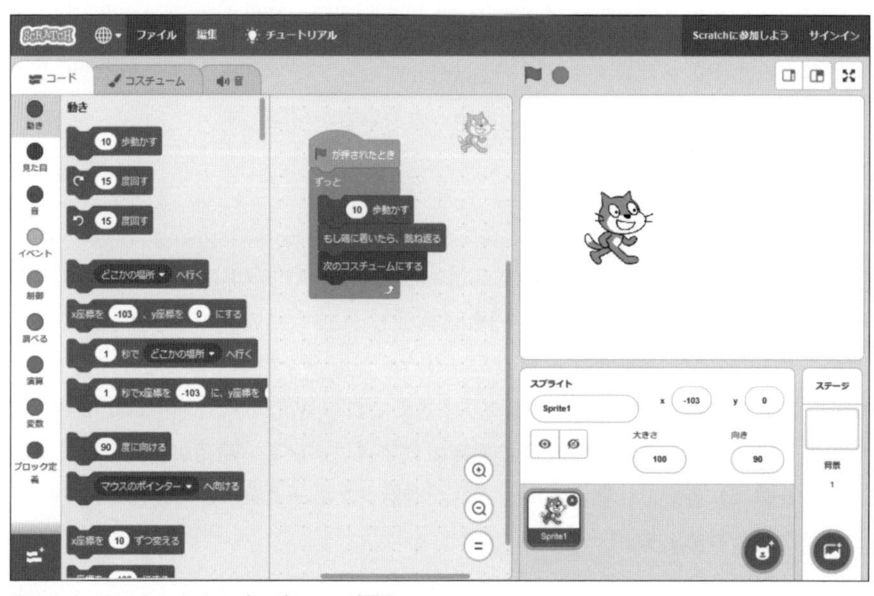

図3-9-3　Scratchによるプログラミング画面

※3「Git」：ギット、分散バージョン管理システム。2005年にLinux開発者であるLinus Torvals氏により開発され、実際にLinuxカーネルのソースコード管理に使われている。

※4「GitHub」：ギットハブ、Gitを使ってアクセスする、インターネット上のリポジトリサービス。

3-10 プロトタイピングの適用例
水耕栽培の例

本節では、プロトタイピング実践に当たっての確認ポイントを説明し、プロトタイピングの実例として水耕栽培を取り上げます。

プロトタイピング実践の確認ポイント

プロトタイピングを実践する流れと、確認すべきポイントは次の通りです。

①目的の明確化

プロトタイピングは目的によって構成やプランが変わるため、プロトタイピングの目的を明確にすることが重要です。次のような目的が挙げられます。

・機能実現のための技術検証なのか？
・品質や性能検証なのか？
・現場環境に耐えうるかの動作検証なのか？

動作検証で注意すべき点は、データ収集の周期やサイズです。IoTデバイスの制限、アプリケーション処理方式あるいは通信方式と密接に関係するため、あらかじめシステム全体を通したデータの流れをイメージしておくことが重要です。プロトタイピングの結果から通信方式や、アプリケーションのパラメータを決定することで、本番で発生するボトルネックなどの問題を低減することができます。

②実施計画

プロトタイピングの実施計画に当たっては、次の点を計画します。

・実施範囲や期間
・環境、実施場所、構成部品
・テスト材料やテストデータ

・評価観点と項目

プロトタイピングの目的に沿う部分は、本番に近い状態を準備することで検証としての精度を高めます。逆に目的から遠い部分は、検証精度に影響しない範囲で省略することで、準備期間やコストを抑えます。スタブ※1やモック※2などの代用部品を使う手段もあります。

検討可能な例を挙げると、センサやアクチュエータの単体動作検証で耐久性の考慮が不要であれば、むき出しのマイコンボードに部品を取り付けた構成とします。大量データの集計処理時間を検証するのであれば、内容がダミーでも本番相当量のデータを作成します。逆にデータ処理の正確さを検証するのであれば、少量でも実測データを用意します。

③検証

完成したプロトタイプの動作を、自身の目で確認することも重要です。また、情報共有できるグループや共同開発組織があれば、情報交換を通じてプロトタイピングを加速することができます。さらに、検証で発見された問題点や課題は、次回の改良につながる良い教訓となります。表3-10-1に、プロトタイピングにおける確認ポイントを示します。

分類	確認ポイント（例）
ハードウェア	・特定のセンサ、アクチュエータが意図通りに制御できるか。 ・センサの測定精度、測定時間、個体差の有無、キャリブレーション要否。 ・現場検証では、高温、高湿、ほこり、雨、風、振動に対する耐久性や測定精度への影響、バッテリー稼働時間、安全性や盗難など配慮の必要性。
通信	・相互接続試験により、ノード間のコネクションが確立できるか。 ・現場検証では、実際のフィールドでの通信品質、消費電力、ビルなど遮蔽物の影響、天候などの環境影響、基地局を複数持つ構成では基地局配置の最適化。
ソフトウェア	・サンプルプログラムによる、言語やプラットフォームの機能評価。 ・大量データの処理時間を実際に測定する性能検証。 ・現場検証では、ユーザビリティ評価やβテスト。

表3-10-1　プロトタイピングにおける評価項目例

※1「スタブ」：stub、プログラムの下位モジュールの代用動作を行う、ソフトウェア部品。テスト用モジュールとして利用する。

※2「モック」：本番製品の外観を模した模型。デザインや可動部分の設計検討に利用する。

プロトタイピングの適用例

プロトタイピングの実例として水耕栽培を取り上げます。温度センサ、湿度センサ、カラーセンサ、あるいはLED制御の検証を、水耕栽培プロトタイピングを通して行います。

①プロトタイピングの目的

ビニールハウスの普及によって、安定した農作物の収穫が可能になっていますが、ここでは、さらなる収穫量の向上を検討します。ここでのプロトタイピングの目的は、「日照不足をLED光で補うことで収穫の安定性向上につながるのではないか」「光の色によっても農作物の成長に差が出るのではないか」といったことを実証するための、IoTシステムの構築です。今回のシステム概要を、図3-10-1に示します。温度、湿度、照度の育成条件を基に、RGB調光されたLED光を照射するシステムです。

ここでの検証は、育成条件データと育成状況の関係性を見ることです。この例では、種々の育成条件データのうち、IoTデバイスとして制御できるのはLED光量と色の条件になります。

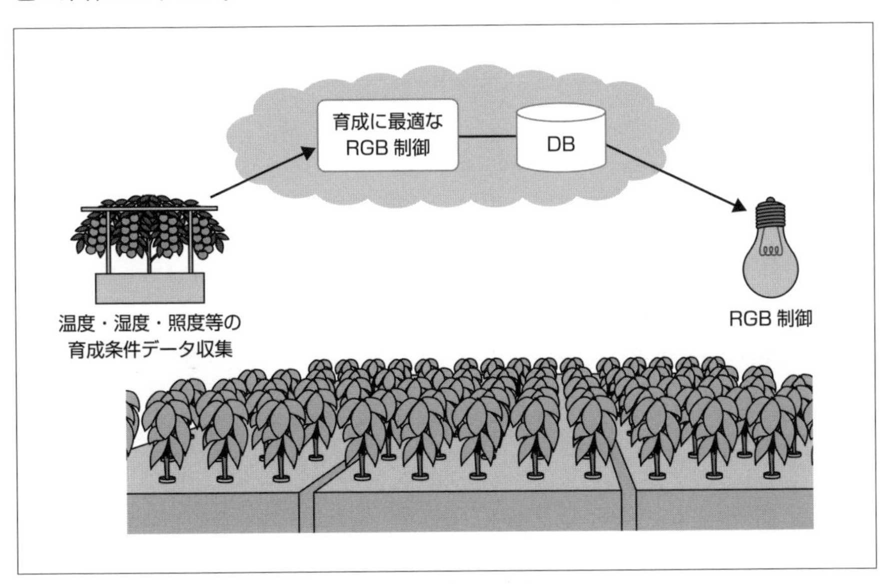

図 3-10-1　水耕栽培プロトタイピングのシステム（イメージ）

②検証システムの構成

プロトタイピングのシステム構成例を、図3-10-2に示します。IoTサーバとしては、クラウドサービスにより提供されるデータ蓄積と分析アプリケーションを利用します。IoTゲートウェイではPCあるいはRaspberry Piを使い、センサデータの一次加工、クラウドへの蓄積、さらにLEDへの制御情報を生成してIoTデバイスへ指示します。IoTデバイスにはArduinoを使い、温湿度センサやカラーセンサからI2C通信により環境情報を取得します。また、ゲートウェイからの指示に従い、フルカラーLEDに対してPWM制御※によるRGB調光を行います。IoTデバイスとゲートウェイ間の通信には、広大なビニールハウスへの本格展開を見据えてZigBeeを採用し、通信品質も併せてチェックします。

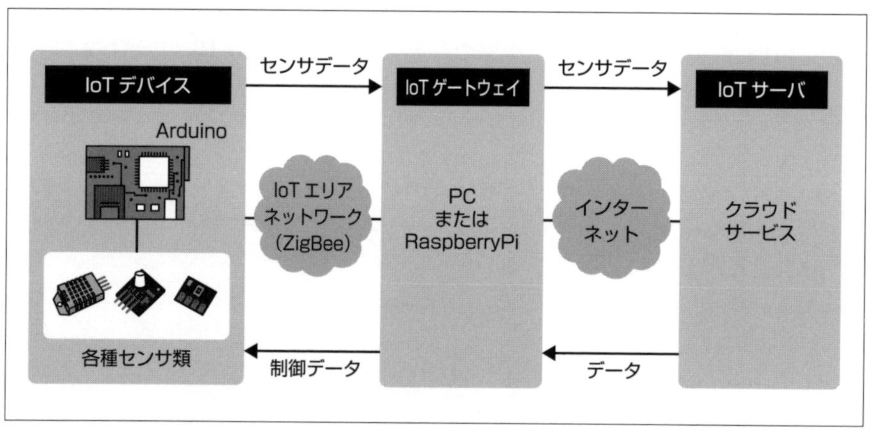

図3-10-2　水耕栽培プロトタイピングのシステム構成例

③検証、課題事項について

蓄積された測定データをアプリケーションから確認できること、および制御情報通りにLEDが発光すれば、プロトタイピングとして動作確認が取れたといえます。最終的に適切な調光制御を行って収穫の増量効果を得るには、今回のプロトタイピングだけでは難しいと考えられます。育成状況を検出するための手法検討も必要となり、長期にわたるデータ収集と分析により制御情報を最適化する必要があるためです。このようにプロトタイピングから得られた知見は、次回のプロトタイピングや本番の運用フェーズに向けての検討材料とします。

※**「PWM制御」**：短い時間内で信号パルスの幅を制御し、LEDの点滅時間を調整することにより、LEDの調光を行う。

column 超小型の「ナノコン」がIoTの世界を広げる

IoTの進展に伴い、さまざまなIoTデバイスが考え出されています。特に、IoTシステムを現地に展開する場合、設置する場所によってはIoTデバイスが極力小型であることが望まれます。MCPC技術委員会のナノコン応用推進WGでは、東京大学生産技術研究所が国立研究開発法人新エネルギー・産業技術総合開発機構（NEDO）委託事業「IoT推進のための横断技術開発プロジェクト」を受けて開発したトリリオンノードプロセッサ（通称ナノコンと呼んでいます）の活用、普及活動などを推進しています。

ナノコンは、リーフを積み重ねることにより機能拡張が可能であり、図1に示すようにコイン電池リーフ、Li-ion電池リーフ、Wi-Fiリーフ、BLEリーフ、センサリーフなどさまざまなリーフが用意されています。また、LoRaリーフ、太陽電池リーフなどの開発も進められています。

ナノコンの使用上の規定範囲を図2に示します。規定しているのは、外部との接続インタフェース部分であり、厚さ、層数、大きさなどのほかの部分については、自由に選択できるフレキシブルな構造となっています。

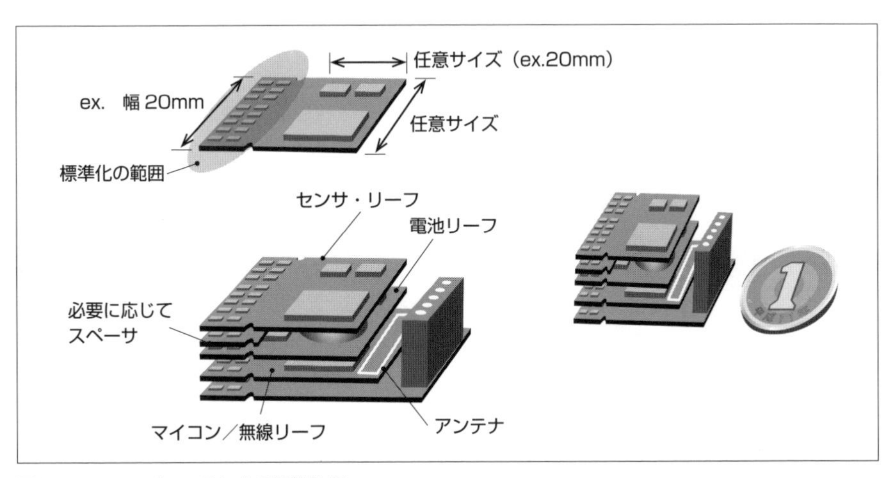

図1　リーフモジュールによる機能拡張

ナノコンは、以下の特徴を有しています。

①小型・軽量
②乾電池駆動
③工場外でも再構成可能な組立てやすさ

また、応用分野として、幅広い分野への適用が期待されています。その一例として、図3は、ドローンにナノコンを搭載した例ですが、①〜③のナノコンの特徴をうまく活用した事例といえます。

ナノコンの活用により、企業がIoT市場にアクセスする際の短納期化、ローコスト化を達成でき、産業力強化を図るツールとして期待されています。

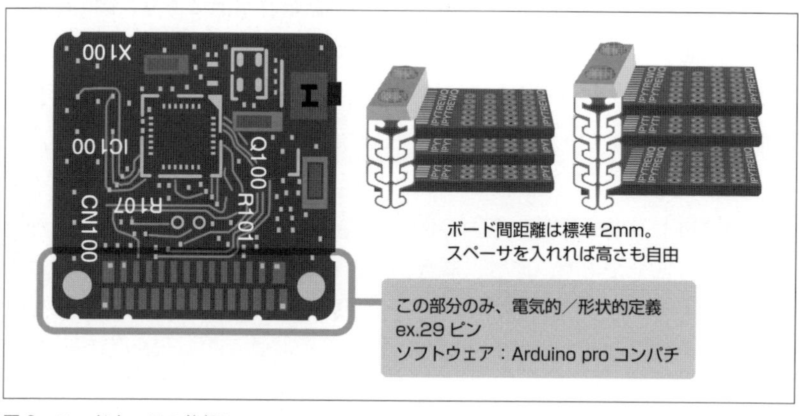

図2　ハードウェアの仕組み

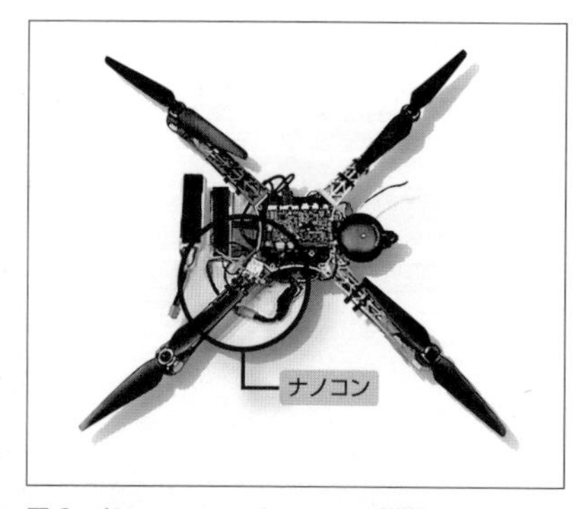

図3　ドローンへのナノコンの搭載

第4章

IoT 応用システムを理解する

　前章では、現実世界の認識に必要な「入力情報を取得する個別のセンサ」について見てきました。一方、IoT システムではほとんどのケースにおいて、入力に加え情報の出力を行う出力デバイスが必要となります。出力デバイスにはデスクトップコンピュータのように、音、光、ディスプレイなども利用されますが、IoT に独特なものとしてアクチュエータが挙げられます。

　アクチュエータとは、コンピュータなどの制御機器からの出力信号を物理的な運動に変換する装置です。最も身近なアクチュエータとしては電気信号を連続回転運動に変換する電動モータが挙げられます。その他、ラジコンで使用されるサーボモータや、建設機械でよく見る油圧シリンダなどもアクチュエータの一種です。本章では、主としてアクチュエータの応用システムを紹介します

4-1 IoT応用システムとは
アクチュエータの応用システム

本章ではセンサやアクチュエータの組み合わせによりシステムとして構成された各種IoT応用システムを見ていきます。
また、IoTにおいては、これらの入出力デバイスとなる各種ハードウェアに加えて、その情報を処理するソフトウェアが重要な役割を担っており、今後も重要度が増していきます。それらについても本章で触れていきます。
さらに、IoT応用システムとして、家電の他従来はコンピュータとは無縁であったデバイス、また、身に着けるタイプIoTデバイスなどの新しい適用領域が拡大しつつあります。これらについても概観します。

アクチュエータの応用システム

現実世界を認識するための入力として、各種センサからをデータ取得し、それらを処理装置（コンピュータ）に入力して処理を行い、処理結果をアクチュエータ等の出力装置にフィードバックします。処理装置では、単純な手続き型の処理だけでなく、近年では大量のセンサデータをディープラーニングなどのAI技術を使用して処理するケースも増えてきています。また、処理を制御対象に近いエッジで処理することもあれば、クラウド上のコンピュータで集中処理する場合もあります。使用するセンサの種類や数、出力装置の種類は,システムの目的や適用領域により変わります。

アクチュエータの応用システムとして、以下の分野について見ていきます。

①ロボット

広義では、人間が行う作業を代行する自動化システム全般を指してロボットと呼ぶため、後述するオートノマスカーや無人ドローンからスマートスピーカー、RPA※などのソフトウェア製品もロボットに含むこともできます。

※「**RPA**」：Robotic Process Automation。人間がする作業をロボットが記憶する（学習する）ことによって、定型的な業務を自動化する技術。

これまでロボットといえば、工場で組み立てを行うような産業用ロボットを指していましたが、近年は家庭用として掃除やコミュニケーションを行うロボットが普及しつつあります。汎用的なロボットは入出力装置も多岐にわたり、それに応じて情報処理にも多様な機能が要求されます。

②オートノマスカー

現在の自動車に各種センサや周囲の認識、判断機構などを付加することで自動走行が可能になる車のことを指します。現在、世界中で激しい開発競争が進んでいます。

特に重要な技術として、LiDAR※1、コンピュータビジョン、SLAM※2が挙げられます。

③ドローン

遠隔操縦あるいは自律式の無人機一般を指します。無人航空機のことを指すこともありますが、水中で使用するドローンもあります。自律性を持つ機体はセンサの塊でもあり、高度な制御が必要とされます。法整備や実用化もある程度進んでおり、空撮、宅配、農業分野、設備保守・監視などの用途での活用が始まっています。

④画像応用システム

上で見てきたロボットなどにおいては、カメラなどから取り込んだ画像情報のソフトウェア処理技術（コンピュータビジョン）が非常に重要な役割を持ちます。このため、画像処理技術とその関連技術について概観します。

また、コンピュータビジョンが活躍する新分野として、特に急速な普及が始まっている、仮想現実（VR：Virtual Reality）、拡張現実（AR：Augmented Reality）などのXR技術についても見ていきます。

※1「**LiDAR**」：Light Detection and Raging。レーザー光を走査しながら対象物に照射し、その反射光を観測することで、対象物までの距離や対象物の性質を特定したりする光学センサ。

※2「**SLAM**」：Simultaneous Localization and Mapping。自己位置推定と環境地図作成を同時に行う技術。

⑤スマートデバイス

明確な定義はありませんが、既存のコンピュータにとらわれない情報機器の総称です。身近なものとしてスマートフォンが挙げられますが、最近はテレビなどの情報家電化や、さらにはコンピュータとは無縁であった鍵のようなデバイスなど、あらゆる領域に対象が拡大しています。また、最近普及が目覚ましいスマートスピーカーは、それらのスマートデバイスを制御する役割も持ち、スマートホームの実現も視野に入っています。

⑥ウェアラブルデバイス

スマートデバイスの中でも特に身に着けて操作するタイプのデバイスの総称です。スマートウォッチが身近ですが、腕輪（リストバンド）型、指輪型（スマートリング）、メガネ型（スマートグラス）など多様な種類があります。自身では公衆ネットワークとの接続機能は持たずにbluetoothなどでスマートフォン等と連携する形態が主であり、用途としてはスマートフォンの補助的役割や健康管理が挙げられます。

4-2 ロボットの活用
IoTとロボット

IoTの進展に伴って、ロボットの世界においても新しい動きが始まっています。IoTの仕組みは、ロボットを効率良く動作させ活用するために最適といえます。本節では、ロボットの活用法について概観します。

ロボットとは？

従来から、産業用として主に工場でのマニピュレータ（Manipulator、腕や手のように可動する部分）にロボットの実用化・導入が進んでいます。一方で、サービスロボットなどの従来のロボットの枠に収まらないタイプのロボットが多数登場し、注目を浴びています。この動きを受けて、経済産業省は2006年に「ロボット政策研究会報告書」の中で、ロボットを「センサ系、駆動系、知能・制御系の3つの技術要素を有する知能化した機械システム」と再定義しました。そのロボットの概略について技術要素の関係を図4-2-1に示します。

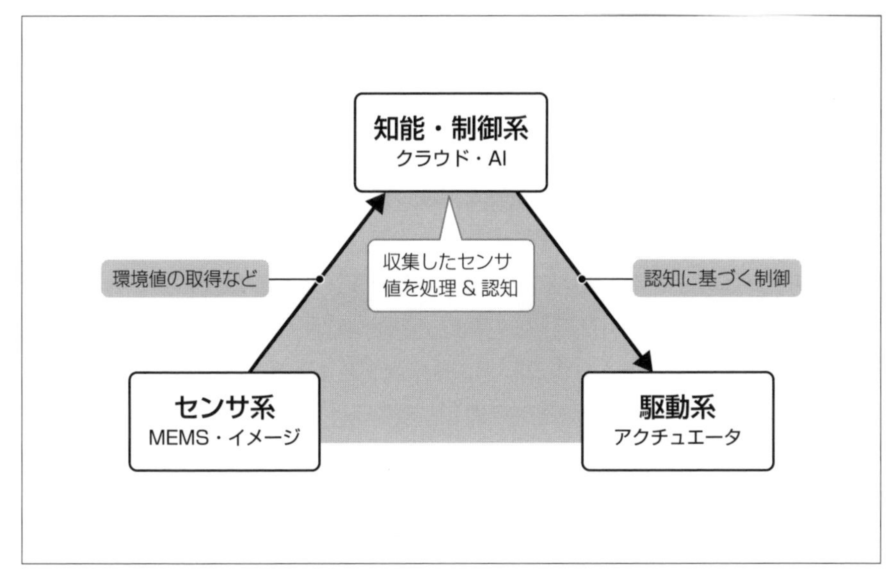

図4-2-1 ロボットの3つの技術要素

新しいロボットが登場した背景としては、センサ系ではMEMS（3-7節参照）による小型化・低廉化によって、大量の環境情報の取得が容易となってきたこと、制御系ではプロセッサやメモリの低廉化・高速大容量化、クラウドコンピューティングとコンピュータビジョン（Computer Vision、センシングした画像を解析し、ロボットの目などの働き、機能などに適用する技術）やAIの発展、その他にもネットワーク環境の整備、バッテリー（電池）技術の革新などが挙げられます。これらは、IoTでも必須の要素技術です。図4-2-2に、分野別のロボットの分類例を示します。

サービスロボット分野	産業用ロボット分野
家庭用、医療用、介護・福祉、パワードスーツ、警備、掃除用、見守り、生活支援、エンターテインメントなど	溶接、塗装、梱包、搬送、検査、洗浄、組立など
フィールド用ロボット	**特殊環境用ロボット**
建設、水中作業、防災、プラント保全、農業など	探査、宇宙、レスキュー、軍事

図4-2-2　分野別のロボット分類

注目のロボット

従来のロボットは、コントロールされた環境内での繰り返し作業に強みを持ち、特に産業用のマニピュレータとして導入が進んできました。一方で、新しいロボットは多様な環境下において、状況に応じて、より自律的に活動する能力が求められています。例えば、さまざまなフィールドにおいて、センサや画像情報を解析して障害物を避けながら作業する、人間の表情や指示を画像や音声から認知して的確な対応策を取る、というような能力です。この先駆けとして、AIの進化を取り込むことで人間とのコミュニケーションに特化したコミュニケーションロボットが多数登場しています。

近年のロボットを巡る動きとして特に注目を浴びているものは、自動運転車

(Autonomous Car) とドローン (Drone：無人航空機) です。ドローンはフィールド用ロボット等として構造物などのインフラ管理や、自動配達での利用が期待されており、自動運転は、AIやクラウド、ビッグデータのIT系の企業と、既存の自動車メーカーが提携を繰り返しながら、世界中で激しい競争が繰り広げられています。

ロボットによる課題解決

日本では超少子高齢化時代を迎え、介護・物流などでの労働力不足が顕在化しつつあり、ロボットによる一定の労働力補完が期待されています。また、ホワイトカラーの労働生産性の低さによる国際競争力への悪影響も指摘されており、一層の生産性向上のために、ソフトウェアロボットとも呼ばれるRPAの導入や、IoT技術を活用することで、これらのさまざまな課題の緩和や解決が期待されています。

そのような状況の中で、政府は戦略策定のための有識者会議「ロボット革命実現会議」を発足 (2014年9月) させ、アクションプラン (実行計画書) として「ロボット新戦略」を公表しました。2020年の東京オリンピック・パラリンピックをターゲットに掲げ、規制改革などで後押しすることで、自動運転タクシーや、高速道路での大型トラックの隊列自動走行、ドローンによるラストワンマイルの配達や農業分野での活用などが進んでいます。また、民間でもこれに呼応する形で自動運転タクシーや無人配送など、さまざまなロボットの開発や実証実験が活発になってきています。

4-3 産業用ロボットとは
人間協調型ロボットとIoT

本節では、現在のロボットの主流である産業用ロボットについて学習します。また、最近注目されている人間協調型ロボットや産業用ロボットとIoTとの関連についても説明します。

産業用ロボットとは？

産業用ロボットは、一般的には「3軸以上の自由度を持つ、自動制御、プログラム可能なマニピュレータ」のことを指し、主に工場などで使用されています。溶接ロボット、搬送ロボット、検査ロボット、塗装ロボット、洗浄ロボット、組立ロボットなど、さまざまなロボットがあります。

産業用ロボットは、ティーチングペンダント（Teaching Pendant：ロボットを操作するドローンのリモコンのようなもの）と呼ばれるコントローラを操作することで、実際にロボットを動かして動作を記録する「ティーチング」を行い、「記録」された動作を「再生」することで作業を行います。これをティーチングプレイバック（Teaching Playback）と呼びます。通常は実機を使用しますが､3DCG（Three-Dimensional Computer Graphics：3次元コンピュータグラフィックス）を使ったオフラインティーチングも行われるようになっています。

産業用ロボットの種類

産業用ロボットは、用途や形状で分類できます。次に、形状による分類を示します。そのイメージ図を図4-3-1に示します。

①垂直多関節ロボット

人間の腕に似た形状であるためロボットアーム（Robot Arm）とも呼ばれ、汎用性が高く、産業用として最も活用されている産業用ロボットです。3次元空間作業をカバーできる、6軸機構が主流です。搬送から溶接や塗装、組み立てまで幅広い工程に導入されています。自由度が高い半面、剛性（力に対する変形度合い）が低い傾向にあり、高速動作時にオーバーシュート（設定した目標値を超えて行き過ぎる状態）や振動が発生しやすいため、緻密な制御が必要です。

②水平多関節ロボット

SCARA※型ロボットとも呼ばれ、水平方向に3自由度を持つアームと、アーム先端の上下運動による押し込み動作を行う4自由度構成のロボットです。上下方向の剛性が高く、かつ水平方向に柔らかさを持っているため、部品の押し込み作業などに適しています。

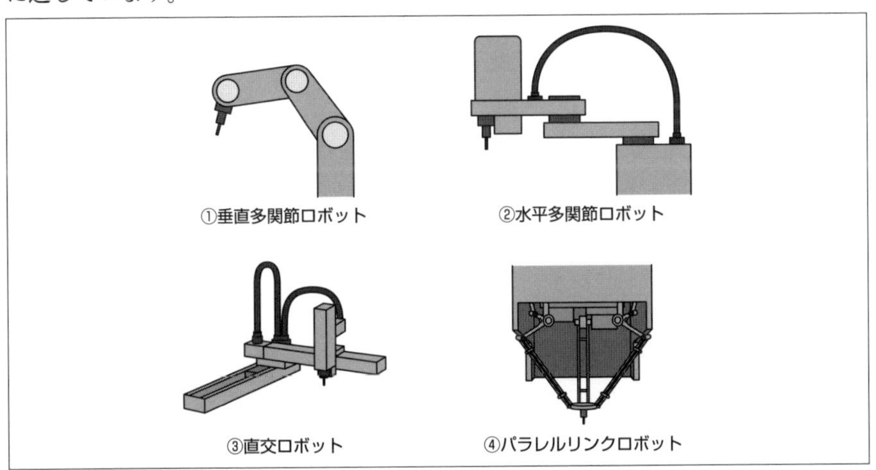

図4-3-1　産業用ロボットの分類（例）

③直交ロボット

ガントリーロボット（Gantry Robot）とも呼ばれ、単軸直動ユニットを組み合わせたシンプルな機構の産業用ロボットです。2軸もしくは3軸の直交するスライド軸によって構成されており、小さな部品の組み立てや、半導体、医療、薬品の分野で使われています。直線的な移動のみであるため作業は限定されますが、構造がシンプルなため、設計の自由度が高いことが特徴です。

※「**SCARA**」：Selective Compliance Assembly Robot Arm。水平方向にアームが動作する産業用ロボット。

④パラレルリンクロボット

並列なリンクを介して1点の動きを制御するパラレルメカニズムを使った比較的新しい産業用ロボットです。パラレルリンクロボット（Parallel Link Robot）に対して、多関節ロボットをシリアルリンクロボット（Serial Link Robot）と呼びます。複数のモータの出力を1点に集中させるため、高精度でかつ高出力なことが特徴です。理論上は、同出力の多関節ロボットのモータの数倍の出力が得られます。その特徴を生かして、多関節ロボットでは難しい機械加工やプレス加工にも適用できます。

人と協調して働くロボット

従来、産業用ロボットに求められてきたのは、人の作業を置き換えて自動化することでした。しかし、近年、「人と同じ空間で、人とともに協調して働くロボット」への注目度が高まっています。そのようなロボットは、人間協調型ロボット（協働ロボット。Human Friendly Robot）とも呼ばれています。安全技術の発展に合わせて規制緩和※も進んだことで、条件を満たせば、人と同じ作業スペースでロボットが働くことが可能となりました。イメージ図を、図4-3-2に示します。

産業用ロボットとIoT

IoTを活用して、工場のスマート化を実現しようという動きも活発になってきています。産業用ロボットにセンサを搭載し、ネットワークに接続してデータを収集し、AIを活用して生産管理やメンテナンスに利用して稼働率の向上に役立てようという動きです。その他にも、産業用ロボットに目や脳を与え、ロボットが自律的に判断して動くといったような、産業用知能ロボットと呼ばれるようなロボットが実現可能となりつつあります。

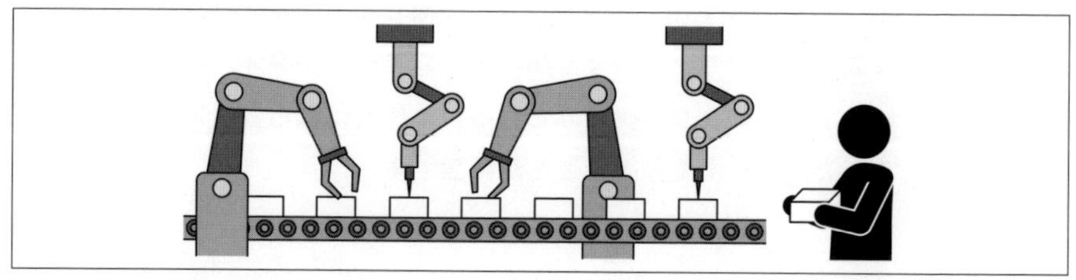

図4-3-2　人と協調して働くロボット

※**「規制緩和」**：一定の条件を満たせばロボットを安全柵などで隔離することなく人間と協働作業が可能。

4-4 新しいロボットとは何か
第3次ロボットブーム

産業用ロボットのようなコントロールされた環境ではなく、さまざまな状況に対して自律的に対応するロボットや、人間とのコミュニケーションが可能なロボットが登場してきています。本節では、それらの新しいロボットについて説明します。

新しいロボットの萌芽

2000年に、本田技研工業が公開したASIMO[※1]（アシモ）は世界初の本格的な二足歩行ロボットです。同時期に、ソニーから愛玩用ロボットAIBO[※2]（アイボ）が発売されています。

ASIMO登場から2005年の「愛・地球博」（開催地：愛知県）ごろにかけてロボットブームが起こり、「愛・地球博」では、接客用ロボット・警備用ロボット・お掃除ロボットなどのさまざまなプロトタイプロボットが展示されました。

その同じ時期に、自作の二足歩行ロボットがマニアの間で流行し始めます。これらは、ラジコンなどでも使用されるホビー用のサーボモータを安価なアクチュエータとし、それらを関節部に使用してマイコンで制御することで、比較的安価に自由度の高いロボットを作ることを実現しました。低価格のキット化された製品の発売や、大規模な競技会なども開催され、自律歩行するロボットも現れるなど、ハードウェアのみならずソフトウェアについても、急速な進化を見せました。

また、それまで一般家庭に入ってきたロボットは、ホビーまたは愛玩ロボットが主流でしたが、2002年に発売された米国iRobotのロボット掃除機Roomba（ルンバ）は、赤外線センサと接触センサ、そして独自のアルゴリズム（処理手順）を搭載し、本格的に普及した初めての家事ロボットとなりました。

この時期、スマートフォンの普及に後押しされる形で、小型で安価なセンサ、CPUやメモリの劇的な低廉化が進みました。さらに、ネットワークの高速大容量化・

※1「ASIMO」：Advanced Step in Innovative Mobility。新しい時代へ進化した革新的モビリティ。
※2「AIBO」：Artificial Intelligence roBOt。AI（人工知能）、EYE（目、視覚）そして「相棒」（aibou）にちなんで命名された。

低廉化が進み、また、バッテリー技術についても格段の進歩が見られました。これらの利用によって、さらに高度な情報処理や制御、ネットワーク対応などが可能になってきました。これらは、IoTで起きている技術の進歩による好循環と同じ現象です。

第3次ロボットブーム

現在、IoTやAIブームを受けて、第3次ロボットブームと呼ばれるブームが起きています。

その背景としては、安価なセンサを利用できるようになったことに加えて、クラウドやAIの発展によって、顔認識・物体認識・音声認識などの、より人に近い認知技術が登場し、さらにそれらが利用しやすいようにフレームワークや、API（インタフェース）として提供されたことが挙げられます。

これまでのロボットがより人間に近い「動き」を目指していたのに対し、第3次ロボットブームでは、「人間とのコミュニケーション」へとテーマの変化が見られます。

このため、新しい人型ロボットは、人間と会話をしたり表情などを読み取って状況に応じて適切な情報を人間に提示したり、といった用途が主流です。介護やエンターテインメント分野での活躍が期待されており、ソフトバンクのPepper（ペッパー）やシャープのRoBoHon（ロボホン）など、たくさんのコミュニケーションロボットが登場しています。また、実際に販売され、比較的容易に入手できる実用化された製品であるということが特徴です。

今後の展望

AIの進歩によって、認知機能についてはある程度人間に近づいてきました。また、動きについてもニューラルネットワーク（Neural Network：人間の脳神経系をモデル化した情報処理システム）の適用などによって、動き自体を学習するロボットも出現しつつあります。特に海外での成果が目覚ましく、マサチューセッツ工科大学（MIT）を筆頭に、人型・動物型・昆虫型の驚異的なロボットが次々と発表されており、同大学からスピンアウトして設立され、2018年にソフトバンクグループに買収された米国ボストンダイナミクス（Boston Dynamics）は、軍事用の四足歩行ロボットから始まり人型ロボットまでさまざまな革新的な大型ロボットを発表しています。

このような、「認知」に基づいて「動ける」ロボットは、介護やフィールドロボット※などへの適用が考えられおり、一部で実験的な導入が始まっています。

しかし、依然としてアクチュエータが高価なため、そのようなロボットは、産業用・フィールド用としての利用はできても、一般家庭で手軽に利用できるようになるには、制約が大きいのが実情です。この課題に対する技術的なブレークスルーとして期待されている技術の1つが、ソフトアクチュエータです。ソフトアクチュエータは、人工筋肉とも呼ばれ、軽量で柔軟な材料が変形することによって、アクチュエータとして機能します。その特徴から、パワードスーツ（Powered Suit、人間の筋力増強のために着用する機械装置）などのアクチュエータとしても有望視されています。人工筋肉にはさまざまな駆動方式があり研究も進められていますが、空気圧を利用したマッキベン（McKibben）型の仕組みを図4-4-1に示します。空気圧以外にも、ナイロンをよった高分子型繊維の温度変化による伸縮による駆動なども注目されています。

ソフトアクチュエータが安価で取り扱いやすい形で実用化された際には、人間のように動き、人間のように認知してコミュニケーションを取る安価なロボットが登場することが期待されます。

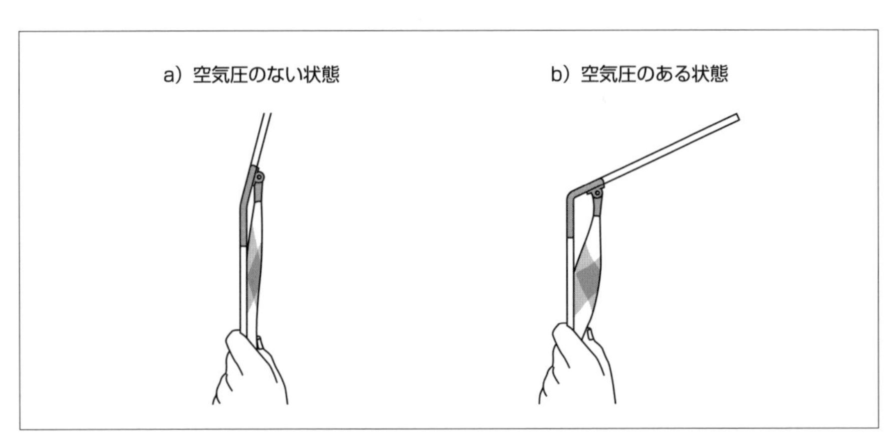

図 4-4-1　マッキベン型人工筋肉の仕組み

※**「フィールドロボット」**：屋外で活動するロボットの総称。軍用や災害救助用などの利用が想定されている。

4-5 オートノマスカーとは
コネクテッドカーと自動走行車

本節では、IoTの集積技術の代表例の1つともいえるオートノマスカー（Autonomous Car、自動走行車）の技術とその前提となるコネクテッドカー（Connected Car）について見ていきます。

コネクテッドカー

コネクテッドカーとは、ICT（情報通信）端末としての機能を持つ自動車のことであり、車両の状態や周囲の道路状況などのさまざまなデータを、各種センサを通じて取得し、ネットワークを介して収集・分析することによって、新しい価値を生み出すことを目的にした車です。

事故時の自動緊急通報システム、走行実績によって保険料が変動するテレマティクス（Telematics）保険、盗難車両の追跡システムなどが実用化されています。コネクテッドカーへの注目が高まっている背景には、「無線通信の高速・大容量化」「通信端末の低廉化」「大容量データ処理の環境整備」などが挙げられます。

オートノマスカー（自動走行車）

センシング（センサなどを使用して情報を計測・数値化すること）や情報通信・車体制御等の技術を組み合わせることで、運転者が直接操作しなくとも、自動車自身が道路状況に合わせて、安全に目的地へ向かう車をオートノマスカーと呼び、ここ数年急速に注目を浴びています。

前述の「コネクテッドカーの普及」に加え、「センサデバイスの廉価化」「人工知能の進展」などが、その背景として挙げられます。

自動化のレベル

米国運輸省道路交通安全局（NHTSA）※1では、自動化のレベルを表4-5-1のように定義しています。現状、レベル2までが商用化されおり、さらに上のレベルの実現に向けて、自動車メーカーだけでなく、IT企業を中心に他分野からの多くの参入があり、激しい競争を繰り広げています。

レベル	説明
0	人間の運転者が、全てを行う
1	車両の自動化システムが、人間の運転者を時々支援し、いくつかの運転タスクを実施することができる
2	車両の自動化システムが、いくつかの運転タスクを事実上実施することができる一方、人間の運転者は、運転環境を監視し、また、残りの部分の運転タスクを実施し続けることになる
3	自動化システムは、いくつかの運転タスクを事実上実施するとともに、運転環境をある場合に監視する一方、人間の運転者は、自動化システムが要請した場合に、制御を取り戻す準備をしておかなければならない
4	自動化システムは、運転タスクを実施し運転環境を監視することができる。人間は、制御を取り戻す必要はないが、自動化システムは、ある環境・条件下のみで運行することができる
5	自動化システムは、人間の運転者が運転できる全ての条件下において、全ての運転タスクを実施することができる

表 4-5-1　自動走行車の自動化レベル

自動運転の技術・業界動向

以前から、各自動車メーカーは独自に自動運転技術の研究を進めてきましたが、大きく進み始めたきっかけは、米国防総省の研究機関DARPA[※2]（ダーパ）が主催し、2003～2007年で3回開催された自動運転車の競技会です。

ここで活躍した人材や技術を、積極的に導入・活用した米国グーグルは、2009年から自動運転車の開発を開始して公道での有人走行実験を繰り返し、2016年12月には、グーグルの親会社Alphabet（アルファベット）がWaymo（ウェイモ）を設立しました。グーグルの強みは、強力なクラウドコンピューティングのリソースと最先端のAI技術、および膨大なデジタル地図情報です。自動運転のキーテクノロジーであるLiDAR[※3]（ライダー）と呼ばれる3次元レーザスキャナなども独自に開発を進めています。

既存の自動車メーカーに、自動運転の構成要素・プラットフォームを提供する手法で急速に勢力を伸ばしているのが、GPUの開発・製造大手の米国NVIDIA（エヌ

※1「**NHTSA**」：National Highway Traffic Safety Administration.

※2「**DARPA**」：Defense Advanced Research Projects Agency。米国防総省内の防衛高等研究計画局。

※3「**LiDAR**」：Light Detection and Ranging。光による検知と測距。

ビディア）です。自動運転のキーテクノロジーであるディープラーニング（6-7節参照）では、GPU※が重要な役割も果たすため、急速に存在感を増しています。同社は2016年9月に、自動運転プラットフォームを発表し、複数の大手自動車メーカーが採用を表明しています。新興の完成車メーカーとして注目を浴びているのが電気自動車専業の米国Tesla（テスラ）です。当初は、イスラエルの自動運転ソフトウェアのMobileye（モービルアイ）と提携していましたが、現在は提携を解消して独自のソフトウェアによって、完全自動運転対応を目指しています。

国内の動向

日本政府は、東京オリンピック・パラリンピックが開催される2020年までに自動運転による無人タクシーを認可し、本格化させると発表しました。これを受けて、日本国内でも自動運転の実験等の動きが活発になっています。DeNA(ディー・エヌ・エー）は、全国の特区においてロボットタクシーや、自動配送の実証実験を計画・実施しています。ソフトバンクグループは、東京大学と提携して、物流や旅客事業での自動運転技術の研究開発を進め、北九州市などの自治体と連携協定を締結しています。

この他、国主導でも高速道路上で大型トラックを隊列走行させることによる、ドライバーの負荷軽減や人材不足の軽減策が検討されています。一般道路とは違い、コントロールされた高速道路という環境でセンサ群や専用レーンなどを設けることでより安全に自動運転が可能になると考えられています。

※**「GPU」**：Graphics Processing Unit。パソコンなどの画像処理を担当する主要な部品。処理の方法が深層学習の計算方法と類似しており、高速な処理ができる。

4-6 ドローンの現状

通信方式、活用例、制限と使用可能範囲

ドローン（Drone：無人航空機）が IoT 端末としての機能を発揮するために、電波利用の高度化・多様化に関するニーズが高まっています。本節では、ドローンを含むロボットの電波利用の現状について説明します。

さまざまな分野におけるドローンの利活用と電波利用

現在市販されているドローンは、無線局免許を必要としない無線LAN機器などが用いられているものが多く、より高画質で長距離の画像伝送など、電波利用の高度化・多様化に関するニーズが高まっています。無線LAN機器などを用いたドローンでは、画像伝送の通信距離は300m程度ですが、最大空中線電力（電波の出力）を現在の無線LANの10倍程度に増大することによって、5km程度の長距離通信が可能になります。また、ドローン操作に利用可能な周波数やドローンによる高品質な映像伝送向けに、新たに使用可能な周波数帯域に拡大する技術・制度の検討も進んでいます。

ドローンを利活用する空域によっては、事前に国土交通大臣の飛行許可を受ける必要があります。また、電波の利用に当たって、屋外で使用する場合に使用が制限され周波数帯によっては、無線従事者の免許や無線局開局が必要であったり、操作する送信機の出力が高い場合にも、無線技術士の免許が必要になります。

他にも水中で活動するドローンがあり、自律型無人潜水機と呼ばれています。水中では電波の届く範囲が限られるため、水中ドローンからの画像伝送は有線や超音波が利用されますが、超音波を利用する場合は、電磁波に比べ帯域に制限があるため、画像圧縮して伝送されます。

ロボットにおける電波利用の現状

ロボットで使用される電波は、これまで制御系を中心に利用されてきましたが、近年、ドローンを中心に画像／映像伝送系の需要が高まっています。ロボット利用イメージと電波の利用イメージの概念図を、図4-6-1に示します。

ドローンの通信方式としては、図4-6-2の①に示す「単向通信・同報通信・単信方式」が適用され、上り回線と下り回線は別の周波数が割り当てられます。ドローンの飛行制御を行うテレコントロール（遠隔操作）は、操縦者からロボットを操縦するための制御情報の伝送であり、既存の周波数や技術的条件の範囲で、必要な通信距離を確保することが十分可能であると考えられますが、電波の到達距離を超えた場合には、ドローンが制御できなくなりますので、注意が必要です。

データ伝送は、ロボットから操縦者などへロボットの状態や搭載された各種機器からの情報の伝送で、例として、GPS情報や残存バッテリー情報の伝送などが想定されます。また、画像／映像伝送は、ロボットに搭載されたカメラ画像／映像の情報伝送で、観測などが主体であり、機体制御と一体的に運用する必要性は低いと考えられます。

無人化施工や屋内作業には、図4-6-2の②に示す「一周波複信方式（TDD※）」が適用され、上り回線と下り回線は同一の周波数を時間的に分けて利用します。また、無線LAN（Wi-Fi）を活用し、現状ではIP接続を基本として、各種カメラやセンサを容易に設置できます。さらに、画像／映像伝送とロボット制御を一体化させることによって、1つの無線通信システムで運用することができます。

※**「TDD」**：Time Division Duplex。時分割複信。上りと下りの通信に、同一周波数帯域を使用し、送信と受信を時間ごとに切り替えて、全二重通信（双方向通信）を実現する通信方式。

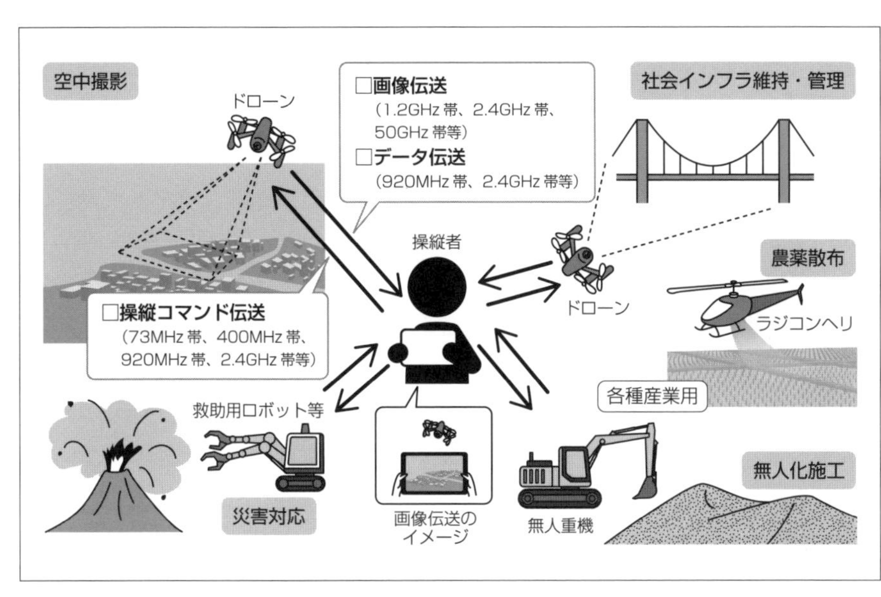

図 4-6-1　ロボット利用イメージと電波の利用イメージ
出典：総務省のサイトの情報を基に作成

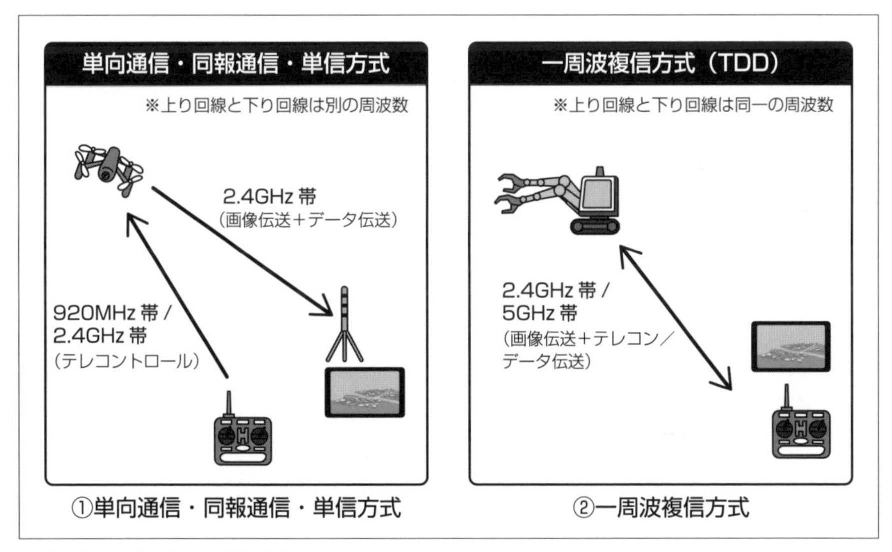

図 4-6-2　ロボットとの通信方式

ドローンの運航管理システム

将来、多数のドローン・無人航空機（UAV：Unmanned Aerial Vehicle）が飛び交い、物流や郵便、警備、災害調査、点検、測量、農業などのさまざまな分野で活用されることが期待されています。リアルタイムにドローンの位置情報を把握し、複数のドローンの効率的で安全なフライトを支援する運航管理システムUTM（UAV Traffic Management）によって、衝突などの危険を確実に回避し、全ての機体の飛行計画と飛行状況を掌握して、ドローンの運航を統合的に管理する必要があります。さらに、ドローンを安全に運航するためには、気象情報や地形、建物の3次元地図情報をドローン事業者に提供する必要があります。

物流、インフラ点検、災害対応などの分野で活用できる無人航空機の性能評価基準などの研究開発を進めるとともに、安全に社会実装するためのシステム構築および飛行試験などを実施するプロジェクトが進められています。

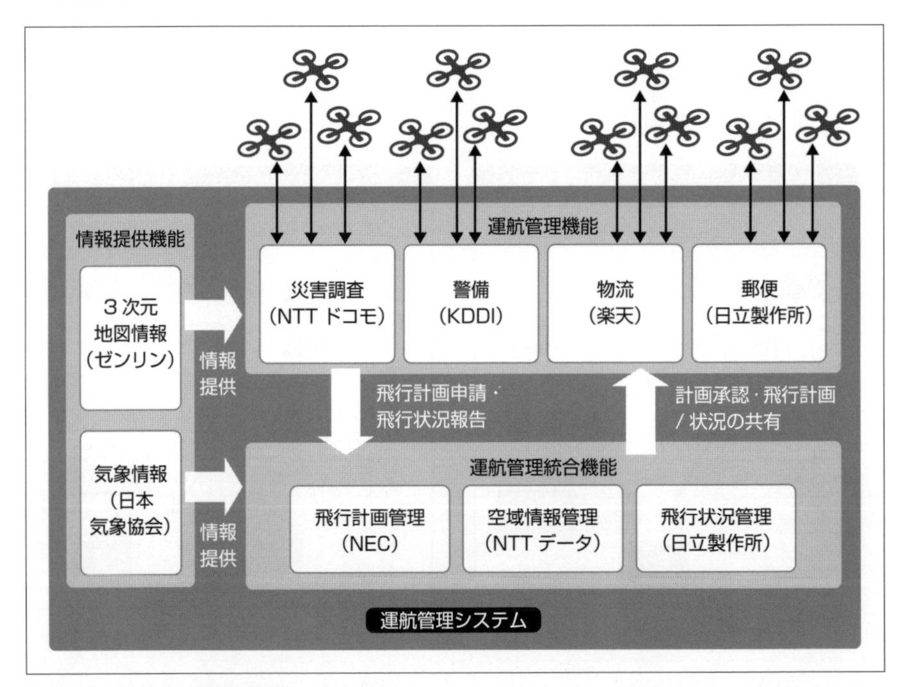

図4-6-3　ドローンの運航管理システムの構成
出典：NEDO（国立研究開発法人新エネルギー・産業技術総合開発機構）のプレスリリース資料を基に作成
https://www.nedo.go.jp/content/100889093.pdf

ドローンの飛行空域

航空機の航行の安全に影響をおよぼす可能性がある空域や、物が落下した場合に地上の人等に危害をおよぼす恐れがある空域などにおいて、無人航空機（ドローン等）を飛行させる場合には、事前に、国土交通大臣の許可を受ける必要があります。航空法ではドローンの飛行ルールに関して、次の空域を飛行禁止とし、飛行させたい場合には、国土交通大臣による許可が必要となります（図4-6-4を参照）。

(A) 空港等の周辺の上空の空域

(B) 150m以上の高さの空域

(C) 人口集中地区の上空

また、飛行空域は飛行方法によっても許可が必要になる場合があります。例えば、夜間飛行、目視外飛行（機体から目を離す飛行）、30m未満飛行（人または物件との間が30m以内の距離に近づく飛行）、イベント開催会場の上空飛行などの場合には、許可が必要となります。航空法では飛行空域、飛行方法に関して飛行許可が必要な場合を示していますが、それ以外にもドローンに関連した法律があります。例えば、次の関係法令等を遵守して飛行させる必要があります。

- **小型無人機等飛行禁止法**

  「国会議事堂」、「皇居」、「原子力事業所」などの周辺地域では、小型無人機の飛行が禁止されています。

- **電波法**

  ドローンとコントローラとの間は無線通信であり、技適マークが必要です。

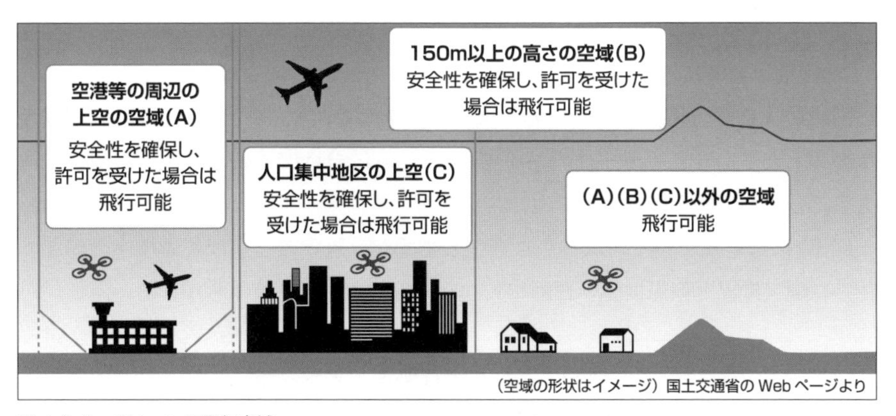

図4-6-4　ドローンの飛行空域

画像応用システム
コンピュータビジョンを支える主要の技術

カメラなどから入力された画像を処理する技術をコンピュータビジョン（CV：Computer Vision）と呼びます。コンピュータビジョンは画像情報から目的に応じて必要な情報を抽出・認識する技術です。比較的古くから研究が進んでいる技術ですが、実用に供するには精度上の問題を抱えていました。しかし、近年の AI 技術、特に畳み込みニューラルネットワーク（CNN：onvolutional neural network）の発展により飛躍的な進歩を遂げ、さらに、IoT センサ群の発展により、大きな転機を迎えています。

SLAM の技術

ロボットに代表される自立的な移動を行うデバイスにおいて、特に重要な技術の1つにSLAM（Simultaneous Localization and Mapping）があります。SLAMとは測位・測域センサやカメラからの画像情報を活用して環境マップを作りつつ、さらにGNSSなどの位置情報も活用して自己位置推定を行う技術の総称です。特にCVを全面的に活用した画像情報のみによるSLAMをVisual SLAMと呼び、ロボットやオートノマスカー、ドローンでも重要な位置付けとなっています。

SLAMを利用した前述システム以外のIoT応用システムとして、本節ではXRを説明します。

XR とは

XRは、CGなどの仮想的な世界と現実世界をつなぐVRやARなどの複数の技術を総称したもので、ヘッドマウントディスプレイ（HMD）のような、眼前に映像を表示して没入感を提供するデバイスを使用する形態が主となります。

HMDに類するデバイスは昔から存在しますが、以下のような要素技術の発展に伴い、現実世界と仮想世界の連動がよりシームレスになりつつあります。

・4k/8k 等の超高解像度映像の撮影および処理・表示技術
・360 度全天球カメラや複眼カメラなどの普及

- GPUを活用した画像処理とAI関連技術
- コンピュータグラフィックの進化による3DCG制作技術
- 各種IoTセンサと慣性計測装置（IMU）による利用者の高精度なトラッキング
- デプスカメラ、ステレオカメラなど画像情報からの環境マップ構築技術
- 5Gによる低遅延ネットワーク

以上により安価に高度な没入感が実現可能となり、エンターテインメントや産業用に活用しようという動きがここ数年で活発になりつつあります。

仮想現実（VR：Virtual Reality）

映像の世界（仮想現実）に利用者が入り込んだかのような体験ができる技術です。VR用のゴーグルを使ってディスプレイで眼前を完全に覆い、外界を遮断した上でCGや360度カメラやステレオカメラなどで撮影された映像を投影します。利用者が方向を変えるとそれに応じて映像が変化します。各種操作は手に持ったコントローラで行う方式が一般的です。利用者の位置や向きに応じてCGを変化させる必要があるため、多くの場合、外界に置いたセンサやヘッドセット付属のカメラなどを使って利用者の位置や姿勢をトラッキングする仕組みが用意されています。

現在はビデオゲームや映像鑑賞が主な用途ですが、防災訓練、観光案内など、体験が重要な意味を持つ分野で活用が広がりつつあります。

VRは、全天をCGで覆うことから高速・高解像度のグラフィック処理が必要であるため処理装置が外付けのパソコンとなるケースが多く、このため利用者は移動に制約を受けますが、最近は処理装置やバッテリーを内蔵する自立型も出現しています。

拡張現実（AR：Augmented Reality）

現実世界に仮想世界を重ねて現実を「拡張」する技術です。CGで作られた映像やキャラクターを現実の風景と重ねて投影することで、現実の世界の中にCGが現れたような体験ができます。スマートフォンの画面上に内蔵カメラで写した現実世界を表示し、そこにCGを重ね合わせることで、簡易的なARシステムを構築できることから、開発・導入は比較的容易です。スマートフォンアプリの「ポケモン

GO」などが代表例です。観光地の説明パネルにスマートフォンをかざすと解説用CGを表示するといった用途でも利用されています。より簡便にARを利用できるスマートグラスも増えつつあります。

ARでは現実世界とCGの位置合わせの技術が重要です。簡易的なものではCGの表示位置としてARマーカーと呼ばれる目印を利用する場合もありますが、より本格的なものでは各種センサやCVを活用します。なお、単眼またはステレオ画像から3D情報の構築を行うなどの画像処理は難易度が高いため、プラットフォーム提供者が開発者向けにフレームワークを提供しているケースが多く、Google社はAndroid向けに「ARCore」を、Apple社はiOS向けに「ARKit」を提供しています。

複合現実（MR：Mixed Reality）

ARをより発展させ、より現実世界との融合を進めて利用価値を高めた技術の総称を指します。このため、VRやARの混合という意味でMRと呼ばれますが、その線引きは明確ではありません。

通常、ARで表示されたCGには近づくことも触ることもできませんが、MRではSLAMの活用により、自己位置や周囲にあるオブジェクトの位置情報や3D情報をリアルタイムに細かく計算し、自由な角度から見たり、現実世界の対象物の近くの空間に関連情報を表示したり、CGに触って操作するなどを可能にします。

このような形態から、処理装置やバッテリーを内蔵した本格的なHMDを装着し、ハンズフリーで作業を行いつつ、指や音声によるCGの操作を可能とした製品が主となっています。現実世界にCGを高精度に重ね合わせることで、現実世界と仮想世界をよりシームレスに融合させることができるため、さまざまな産業利用が期待されています。また、複数の利用者間で空間情報の共有を行うことで体験の共有も可能とすることができます。

このような特徴を利用して、例えば、現場作業者への3Dマニュアル提供や遠隔指導、建築物の設計や施工前確認、リアルな遠隔会議、自動車の運転支援などの実現が期待されています。

コンピュータビジョンとCG

2016年は、HTC Vive（台湾HTCと米国)、Galaxy Gear VR（韓国サムスン)、PlayStation VR（ソニー）と各社からHMD（ヘッドマウントディスプレイ）が発売され、VR元年といわれました。「VR」とは、コンピュータによって作り出されたサイバースペースを、CGによって現実として認識させる技術です。

また「AR」とは、スマートフォンなどを通して撮影している実画像に、現実には映っていないものを、あたかもそこにあるようにCGでリアルタイムに表示する技術です。「AR」では、実画像中にCGをリアルタイムに表示することから、実画像の空間認識を行う必要があります。空間認識の方式には、「マーカーあり」（決まった図形を認識して情報を提示する方式）と「マーカーレス」（現実の物体を識別して位置を特定し情報を提示する方式）の2方式があります。

今後は、コンピュータビジョンによって認識した現実空間に、CGで作り出した仮想的なものを表示して仮想世界のモノと現実世界のモノが相互に影響し合い、仮想と現実の境界がなくなる世界「複合現実」（MR）の実用化が期待されています。コンピュータビジョンとCGの関係を図4-7-1に示します。

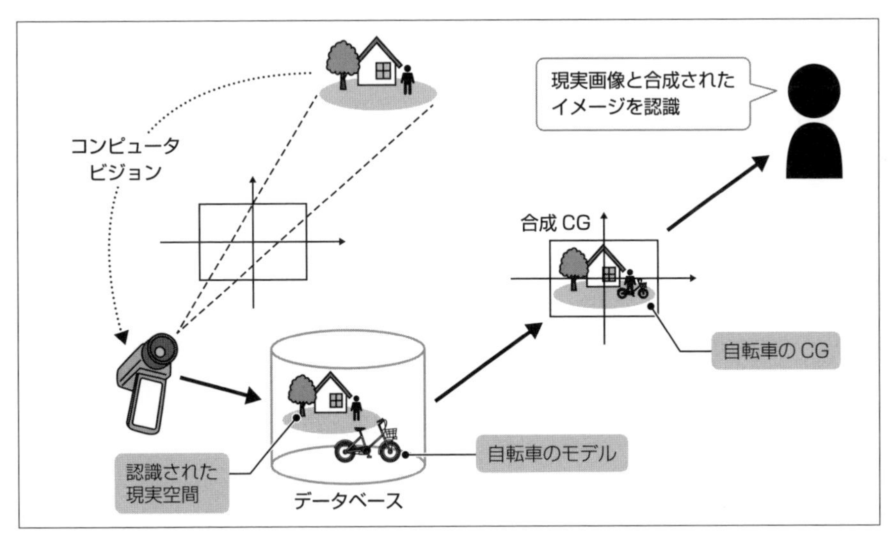

図 4-7-1　コンピュータビジョンとCGの関係

4-8 スマートデバイスとは
多くの要素技術を搭載したモバイルデバイス

スマートデバイスの定義にはいろいろありますが、IoT の進展に伴ってモバイルデバイスから家電製品などまでの幅広いデバイスが対象になっています。モバイルデバイスとしてのスマートデバイスの代表例として、スマートフォンが挙げられます。スマートフォンは、従来の音声通信機能を中心としたフィーチャーフォンに代わり、音声通信およびデータ通信の両方の機能を持ったモバイルデバイスとして広く普及しています。本節では、スマートフォンを中心としたモバイルデバイスについて見ていきます。

スマートデバイス

スマートデバイスのスマートは「賢い」という意味であり、例えば、スマートテレビなどのスマート家電とは、本来の機器の機能に加えて、データ処理の機能や外部デバイスと連携する機能を備えています。モバイルデバイスとしてのスマートデバイスには、スマートフォンやタブレット端末があります。モバイル性に優れたスマートフォンは、音声通信機能、データ通信機能の両方に対応でき、また、比較的大きいディスプレイを備え、UI（ユーザインタフェース）性にも優れています。

さらに、最近のスマートフォンは多くのセンサを搭載しています。例えば、Android（アンドロイド）のスマートフォンでは、Androidのバージョンが上がるにつれ、サポートするセンサの数が増えています。表4-8-1に、アンドロイドフォンがサポートするセンサの種類と用途を示します。

現在、Androidスマートフォンでサポートするセンサ類は、20種類以上あります。ただし、全てのスマートフォンで20種類以上のセンサをサポートしているわけではなく、実際にスマートフォンでサポートするセンサは製品によって異なります。スマートフォンでセンサをサポートするための開発環境も整っており、ハードウェアがスマートフォンに搭載されていれば、Androidで用意されているAPI（インタフェース）を使って活用することができます。

センサタイプ		説明
TYPE_ACCELEROMETER	加速度センサ	x軸、y軸、z軸のそれぞれの加速度
TYPE_GYROSCOPE	ジャイロセンサ	x軸、y軸、z軸の回転速度、角速度
TYPE_AMBIENT_TEMPERATURE	周囲温度センサ	端末周囲の温度
TYPE_GRAVITY	重力センサ	重力加速度の計測
TYPE_HEART_RATE	心拍数	1分間の心拍数
TYPE_LIGHT	照度センサ	周囲の明るさを計測
TYPE_MAGENTIC_FIELD	地磁気センサ	x軸、y軸、z軸方向の磁気の強さを計測
TYPE_MOTION_DETECT	動作継続検出	動きが5秒、10秒継続的かどうか検出
TYPE_PROXIMITY	近接センサ	端末スクリーンとの距離、あるいは近い・遠い
TYPE_RELATIVE_HUMIDITY	相対湿度センサ	周囲の温度と共に周囲の湿度を計測
TYPE_STEP_COUNTER	歩行センサ	rebootからの歩数をカウント
TYPE_PRESSURE	気圧センサ	いわゆるヘクトパスカル［hPa］を計測

表4-8-1　スマートフォンでサポートしているセンサ類（Android 9のAPIレベル28の一部）
出典：https://developer.android.com/reference/android/hardware/Sensor.html

スマートフォンとIoTシステム

IoTシステムにおけるスマートフォンの活用例を、図4-8-1に示します。スマートフォン本体にも多くのセンサが搭載されていますが、スマートフォンの無線通信のインタフェースを用いて、無線通信機能を持つ各種デバイスと通信が可能になります。最近のスマートフォンは、CPUの性能向上によって、パソコンと同等以上のデータ処理能力を持つ製品もあり、モバイルコンピューティングの処理能力は飛躍的に向上しています。ユーザが持ち歩いているスマートフォン経由で、IoTデバイスのセンサなどと通信することができ、その場でデータ処理などの迅速な対応も可能です。

また、スマートフォンのディスプレイを用いて、現場での必要な作業および応急対応をすることもでき、スマートフォンのIoTを含めたモバイルサービスにおける役割は、今後ますます拡大すると予想されます。

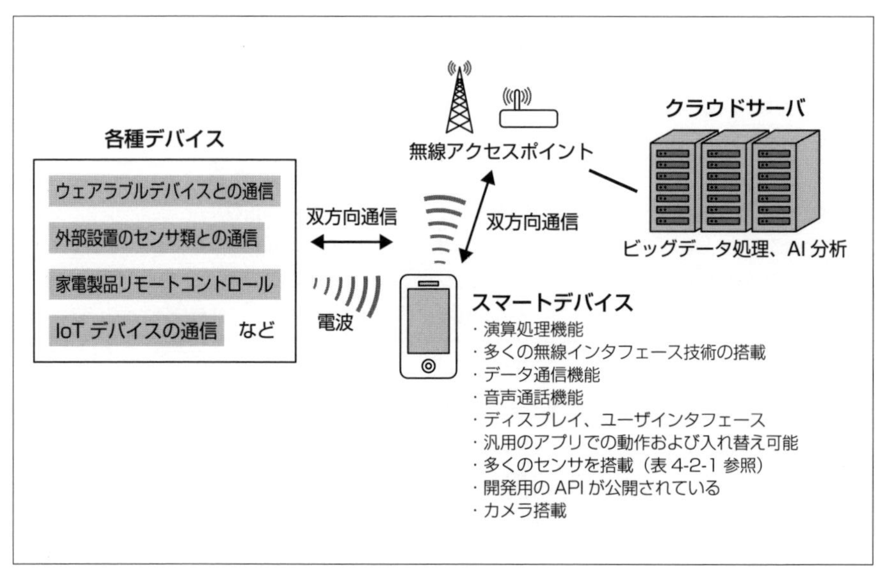

図4-8-1　IoTシステムにおけるスマートフォンの活用（例）

4-9 ウェアラブルデバイスとは

身に着けるIoTデバイス

人の身に装着して活用するウェアラブルデバイス（Wearable Device）とは、使用者が操作をすることなく機能し、人の行動に制約がなく、必要なデータをセンシングできる（収集し数値化する）デバイスのことをいいます。現在、多くのウェアラブルデバイスが商品化されています。本節では、主なウェアラブルデバイスの活用方法を見ていきます。

ウェアラブルデバイスとは

ウェアラブルデバイスとは、腕や頭部などの身体に装着して利用するICT（情報通信）デバイスのことをいいます。小型のマイコンの性能が飛躍的に向上したため、多くのウェアラブルデバイスが開発されています。これらのウェアラブルデバイスを通して、血圧や心拍数、歩行数、消費カロリー、睡眠の質などの日々の活動のデータを収集することができます。収集したデータはIoTサーバに送信され、IoTサーバに収集されたデータを分析することでさまざまな分野、対象に対して多彩なサービスが検討されています。具体的なサービスの例として、業務利用、健康管理、スポーツ、医療などの分野で先進的な製品・サービスが多く登場しています。

ウェアラブルデバイス成長の背景

このような製品・サービスが実現できた背景としては、第1に半導体技術などの進展によって、デバイスの小型化・軽量化が進み、使用者の装着時の負担や違和感が軽減したことがあります。

第2にスマートフォンが普及したことや、ウェアラブルデバイスに無線LANやBluetoothなどの通信機能を安価に搭載できるようになったことで、スマートフォンを経由してインターネットに接続できる環境が整ってきたことがあります。第3にデータをクラウド上で管理できるサービスが安価に提供され、分析に用いることのできるデータが大量に収集・蓄積できるようになったことがあります。第4にデータ解析技術や、VR（Virtual Reality：仮想現実）などの技術が発達し、多種多様なデータを分析し、分析結果を使用者にとって分かりやすい形式で提示できるようになったことが挙げられます。

ウェアラブルデバイスの種類、機能的要件、活用方法

ウェアラブルデバイスは、その装着形態によって腕時計型、メガネ型、リストバンド型などに分類できます。

腕時計型は、リストバンド型と同様に腕に装着する形状のウェアラブルデバイスですが、一定の大きさを持った表示画面を搭載することで、リストバンド型に比べさまざまな操作や情報の表示を可能としている点が特徴です。

メガネ型は、メガネ状の形をした頭に装着するウェアラブルデバイスであり、両目、もしくは片目の視野部分が透過型のディスプレイになっている機種などがあり、映像や画像が周囲の背景に対して空中に浮いているように見えるのが特徴です。

リストバンド型は、腕に装着する形状のウェアラブルデバイスであり、1日24時間の常時装着も可能となるよう機能を限定して軽量に設計されています。

図4-9-1に、ウェアラブルデバイスの主な装着形態例を示し、表4-9-1にウェアラブルデバイスの代表的な種類とその活用例を示します。

図4-9-1　ウェアラブルデバイスの主な装着形態

カテゴリ	製品例	機能的要件	活用方法
時計型	Apple watch Apple（米）	素材や製法にこだわった高級志向から普及モデルまで展開 BT、Wi-Fi 両方対応、NFC 対応 時計の基本性能と iPhone との連携によるアプリケーションが操作可能	加速度センサや心拍計を内蔵しており、iPhone 内蔵の GPS と連携することで位置情報も取得でき、運動量を記録することが可能である点も特徴である 最新モデルは、電子決済（Apple Pay）の機能を持っている
	Smart watch ソニー　モバイルコミュニケーションズ（日）	防水、防塵対応 時計の基本性能と、Android Phone との連携によるアプリケーションが操作可能 BT、Wi-Fi 両方対応	加速度センサや GPS 内蔵モデルもあり、フィットネス機能や、位置ナビゲーションの利用可能。Google play から必要なアプリケーションをダウンロードして使える
	Pebble Pebble（米）	電子ペーパーを使用、防水対策 iOS、Android の両方の端末に接続可能、Bluetooth が使える	携帯電話のメール着信、SNS、電話受信等の機能で、携帯電話との連携での使用。基本的な時計機能
	LW-360HR ウェアラブル LoRa トラッカー 株式会社 GISupply（日）	独自 OS LoRaWan、GPS 搭載、1 ～ 3km 通信可能心拍センサ 歩系、走行距離、消費カロリーを表示 時計、アラーム、ブザー、バイブ機能	リアルタイムに作業員などの位置情報、体温、心拍、転倒などの検知測定を行い、専用のアプリケーションを使用して管理する。
メガネ型	Google glass グーグル（米）	BT、Wi-Fi 対応 マイク・カメラ・スピーカー機能（骨伝導）を装備し、音声による操作が可能 さまざまな情報がディスプレイに表示される	インターネットに直接に接続可能であり、撮った写真および動画をリアルタイムでネットに投稿できる
	Info Linker ウェストユニティス（日）	産業用として導入 BT、Wi-Fi 対応 マイク、カメラ内蔵	離れた場所から作業現場の状況がリアルタイムに確認、指示もできる
	M100 Smart glasses VIZIX（米）	産業用として導入 BT、Wi-Fi 対応 マイク、カメラ内蔵、3 次元センサ	離れた場所から作業現場の状況がリアルタイムに確認、指示もできる
リストバンド型	Smart Band ソニー モバイルコミュニケーションズ（日）	Android、iOS 両方の端末に対応可 NFC、BT 対応	睡眠状況を可視化 心拍数、ストレスレベル表示 携帯電話との連携で、携帯電話のメール、着信等に対応可能
	UP3 Jawbone（米）	Android、iOS 両方の端末に対応可 BT 対応	フィットネス、睡眠、心臓の健康記録管理、生活習慣病改善のためのモニタリング

表 4-9-1　ウェアラブルデバイスの種類と活用方法
※本表中、BT は Bluetooth を示す。

column CVとロボット関連のオープンソース製品群

CVの代表的なオープンソースのライブラリとしてOpenCVが挙げられます。米インテルが開発してオープンソース化したもので、2006年に1.0がリリースされた後、バージョンアップを重ね、現在は4.x版が最新版となっています。簡単な画像処理はもちろん、画像中のエッジ検出や、人物や物体などの何らかの意味のある対象を検出する等の高度な処理まで主要な画像処理の機能を網羅しており、多方面で利用されています。対応プログラム言語として、C++に加えてAIで多用されるPythonにも対応しており、AIと組み合わせることも可能です。

他にも、深度（デプス）カメラの深度情報を3次元情報のポイントクラウドにマッピングして点群処理を行うPLC：Point Cloud LibraryやOpen3Dもよく利用されています。

さらに、これらの画像処理やSLAMの機能とロボットのハードウェア制御までをパッケージ化してミドルウェアとして提供するROS(Robot Operating System)は、自作ロボットはもとより、自動運転用のオープンソース製品（Autoware等）など、多くの導入実績があります。

第5章

IoTにおける通信方式を知る

IoTシステムを構成するネットワークは、IoTエリアネットワーク、広域通信網（WAN）の2つに大別できます。IoTエリアネットワークは、狭い範囲に存在するIoTデバイスを接続し、広域通信網はより広い範囲のIoTデバイスを接続するネットワークです。また、IoTエリアネットワーク内の複数のIoTデバイスを束ねて送受信することによって、ネットワークの伝送効率を上げる中継装置としてIoTゲートウェイがあります。IoTゲートウェイにつながるIoTデバイスとIoTゲートウェイとの間のネットワークが、IoTエリアネットワークに相当します。

本章では、IoTシステム構築に必要な無線技術、省エネ通信方式、プロトコルなどを学びます。

5-1 IoT通信方式の概要
目的に応じた使い分け

IoTにおける通信方式は多岐にわたります。本節では、IoTで使われている主な通信方式の概要について説明します。

IoTにおける通信ネットワークの構成

IoTのシステムを構成する通信ネットワークは、家庭内や工場内のような狭い範囲でIoTデバイスを接続するIoTエリアネットワークと、都市などのより広い範囲でネットワーク接続する広域通信網（WAN：Wide Area Network）に大別できます。広域通信網は、データセンターやクラウド上のIoTサーバへデータを送信しデータ処理を実施する場合や、IoTエリアネットワークを全国に展開するような場合などに利用されます。

IoTエリアネットワークと広域通信網を接続するには、図5-1-1に示すように、両者の間の通信方式の違いなどを変換するIoTゲートウェイ（相互接続装置）を両者の間に設置する必要があります。また、IoTゲートウェイには、IoTエリアネットワーク内の複数のIoTデバイスを束ねて、情報伝達を効率化する役割もあります。この他、自動車などの広域を移動する物を対象にしたIoTサービスを実現する場合に、IoTデバイスを広域通信網に直接接続する場合もあります。

IoTにおけるIoTエリアネットワークと広域通信網で使用される通信方式例を表5-1-1に示します。表に示すように、IoTエリアネットワーク、広域通信網ともに有線ネットワーク技術、無線ネットワーク技術の利用が可能です。有線ネットワーク技術（光ファイバ網や有線LANなど）を利用するメリットとしては、安定した品質で周辺雑音に強く、高速伝送が実現できることがあります。その半面、有線での接続が必要なため、設置場所が固定されます。移動しながら通信を行うことを前提とする用途には選択肢になり得ません。

無線ネットワーク技術を利用するメリットとしては、有線接続が不要なため、設置場所に自由度があり、また、移動も可能となります。その半面、周囲の雑音の影響を受けやすく、電波の性質から品質に変動がある場合があり、一般的に有線に比べ低速であるといえます。

IoTシステムを構築する場合、このような有線ネットワーク技術、無線ネットワーク技術の特徴を踏まえて、役割に応じた使い分けをすることが重要になります。

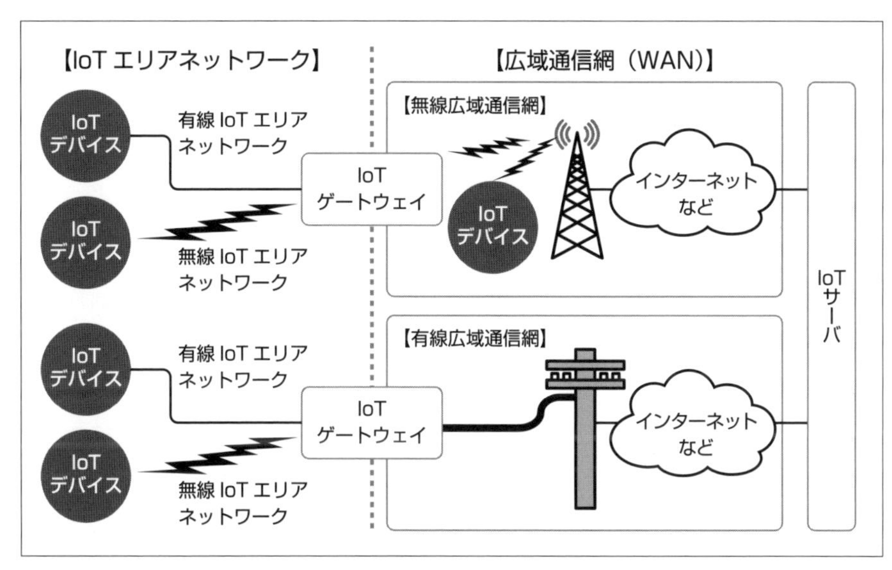

図5-1-1　IoTエリアネットワークと広域通信網

	IoTエリアネットワーク（PAN、LAN）	広域通信網（WAN）	メリット・デメリット
有線ネットワーク技術	USB 有線LAN PLC　等	光ファイバ（FTTH） ADSL　等	・安定した品質 ・雑音に強い ・高速伝送 ・有線接続が必要 ・設置場所が固定
無線ネットワーク技術	無線LAN Zigbee Bluetooth IrDA※　等	セルラー（3G、LTE） LPWA 衛星通信　等	・通信音質に変動がある ・雑音に弱い ・有線に比べ低速 ・有線接続が不要 ・設置場所の移動が可能

表5-1-1　IoTにおけるIoTエリアネットワークと広域通信網に使われる方式例

※**「IrDA」**：Infrared Data Association。赤外光による光無線データ通信を規格化している団体、またはその規格の名称。IrDAは赤外光を利用するため、電波法等で規制される電波を利用していないが、ここでは便宜的に無線ネットワーク技術に分類している。

IoTエリアネットワーク

IoTエリアネットワークは、IoTデバイスの数の多さや、IoTデバイス設置の自由度から、無線PAN[※1]（Personal Area Network）や無線LAN[※2]（Local Area Network）が多く用いられます。IoTエリアネットワークに用いられる無線方式や周波数など詳しくは5-3節、5-4節、5-5節を参照してください。IoTエリアネットワーク構築に当たっては、通信距離、データ量、IoTデバイス数、利用環境などによって適切な方式を選択する必要があります。

IoTエリアネットワークは、有線LAN（例：Ethernet）などを利用して構築する場合もあります。特に、周辺の雑音が多い環境や、電波の伝搬（飛び方）が複雑な場合に有効です。さらに、PLC[※3]（Power Line Communication、電力線通信）は、既設の電灯線を伝送路とする通信方式であるため、家庭内やオフィスビル内にIoTエリアネットワークを構築する場合に利用可能です。

なお、IoTエリアネットワークは、IoTエリアネットワークの利用者が自ら設置することが一般的ですので、設備導入費用や保守・運用費用も方式選定において重要な要素となります。

広域通信網

広域通信網は、複数のIoTエリアネットワークを接続し全国規模のIoTサービスを展開する場合や、自動車向けのIoTサービスなどに利用されています。このため、家庭や工場などの移動しない環境の場合は有線ネットワーク技術が選択される場合が多く、自動車向けや、橋などの社会インフラ監視などでは無線ネットワーク技術が利用されることが多くなります。

従来は、伝送速度や通信コストによって、有線ネットワーク技術と無線ネットワーク技術のすみ分けがされていましたが、携帯電話の普及によって、モバイル網の通信料の低廉化、伝送速度の向上、配線工事による工期が発生しないなどから、無線ネットワーク技術の利用が進められています。

※1 **「PAN」**：パン。Personal Area Network。おおむね1～10mの範囲を接続する通信網。

※2 **「LAN」**：ラン。Local Area Network、おおむね10～100mの範囲を接続する通信網。

※3 **「PLC」**：ピー・エル・シー。Power Line Communication。電力線通信、敷設済みの電灯線を通信路に使う通信。

また、LPWA（Low Power Wide Area）は、IoT用途に特化して仕様が決められており、省電力、低コストで広域をカバーできる仕様となっています。このためLPWAは、IoTエリアネットワークに求められる特性と、広域通信網に求められる特性とを併せ持っているため、WANとIoTエリアネットワークを別々に準備する必要がありません。無線による広域通信網については5-6節、LPWAについては5-7節を参照してください。

トラフィックにおける留意事項

IoTにおけるトラフィック（通信量）の留意点として、通信に利用されるデータ量と通信速度も重要な観点です。データ量というと送受信するデータそのもののサイズだけに注意が行きがちですが、実際の通信時にはそれに加えて宛先情報等のヘッダが付与されます。実際に送信されるパケットのサイズのうちヘッダが占める割合はデータのサイズによりさまざまであるものの、ヘッダのサイズはデータサイズに関わらず通常は一定であるため、データサイズが小さければ小さいほどヘッダが占める割合が大きくなります。少量のセンサデータを送信する場合などはデータそのものよりもヘッダの方が大きいということもあり得ます。加えて、利用するプロトコルによっては受信確認や再送制御なども発生します。これらのオーバーヘッドについても考慮が必要となります。

また、同時接続数の制限によって、接続の分散（1か所に集中することを避ける、同一時刻のデータ送信を避けるなど）を図る他、ネットワークの遅延（相手にデータが届く時間の遅れ）などを考慮し、最適なネットワークを選ぶ必要があります。

5-2 IoTエリアネットワーク（有線）とは

さまざまなIoT有線環境

本節では、家庭内や工場にて一般的に利用される有線接続でのネットワークについて説明します。

Ethernet

ローカルエリアネットワーク（LAN）で使用されている規格の1つで、最もよく使われています。Ethernetでつながっている機器は通信回線が空いている状態であれば、いつでも通信することができます。複数の機器が同時に通信をした際、衝突が発生するため、通信を止めます。その後、それぞれの機器はランダムに送信時間を変えて再送を行います。この通信方式をCSMA/CDといいます。

機器の接続には銅線のツイストペア（撚り対線）ケーブルや光ファイバケーブルを使う場合もあります。

FTTH

光ファイバで主に家庭向けにインターネット接続サービスを行う通信方式をFTTHと呼びます。これまでの銅線を用いた電話回線での通信に比べ、ノイズが少なく安定した高速通信が可能となっており、NTT東日本・西日本やケーブルテレビでも採用が進んでいます。

FTTHで最もよく採用されている構成でPONというシステムがあります。これは1本の光ファイバを光カプラ（スプリッタ）を使って分岐させ、複数の加入者宅まで光ケーブルを引き込み、ONUを設置して利用します。

PONの規格には2種類あり、ギガビットでの通信規格のIEEEのGE-PONとITU-TのG-PONが主流となっています。また、現在はさらに通信速度を上げた10Gbpsのサービスも登場しています。

PLC（HD-PLC）

電力線を使った通信方式をPLC（Power Line Communication）といいます。

当初はノイズに弱く接続可能な距離も限定的でしたが、現在ではノイズ耐性が改善されマルチホップも可能となっており、数km先まで到達できる場合もあります。

IEEE1901で国際標準規格化されており、日本ではパナソニックなどが開発した第3世代HD-PLCがこれに準拠しています。

また、主な利用は屋内や敷地内のみですが、2013年の規制緩和により、電力計から負荷側に限定した屋外での利用が認められ、今後さらなる屋外利用や三相電力線（3本の電力線で異なる位相の交流で供給する配電方式）での利用、同軸ケーブルを利用した直流での利用も検討されています。

使用可能な範囲が広がると、機械からのノイズで不安定な工場内の通信やケーブル敷設でコスト高となりやすい建物間の通信が簡易な工事で済ませることが可能になり、IoTでの活用に注目されています。

5-3 IoTエリアネットワーク(無線)とは
さまざまなIoT無線環境

家庭内や工場内などでの近距離で利用される無線通信には種々の方式があります。また、家庭内には多種多様な家電機器があり、最近では家庭内での消費電力を管理するスマートメータが設置されるなど、家庭内での無線利用は多岐にわたります。本節では、家庭内などで利用されるIoTエリアネットワーク全般について説明します。

IoTエリアネットワーク無線

IoTエリアネットワーク無線とは、IoTデバイスとIoTゲートウェイ間をつなぐ無線通信システムを指します。IoTデバイスの中には、直接WANにつながるタイプも存在しますが、多くのIoTデバイスはIoTエリアネットワークを通じIoTゲートウェイを介して、サーバやクラウドに接続されます。このような構成とする理由として、IoTデバイスを直接WANに接続できるようにするためには、LTE通信モジュール等のWAN接続用機器をIoTデバイス自体に組み込む必要があるため、製品の製造コストが上がったり、通信関連の消費電力がアップする、などのデメリットが発生するためです。また、WAN利用のための通信料も発生します。一方で、IoTエリアネットワーク無線に対応するためにも専用の通信モジュールやチップセットをIoTデバイスに組み込む必要がありますが、一般に直接WAN対応する製品よりも安価であり、通信利用料は発生しません。将来のIoTデバイス数の増加を考えると、IoTエリアネットワークを適切に活用することが大変重要となります。

IoTエリアネットワーク無線を利用する場合のネットワークシステム構成例を図5-3-1に示します。

図において、パソコンやスマートフォンとのやりとりで主に利用される無線LANやBluetoothの例（図の例1）と、スマートメータやECHONET Lite対応家電製品で主に利用されるWi-SUNの例（図の例2）を示します。

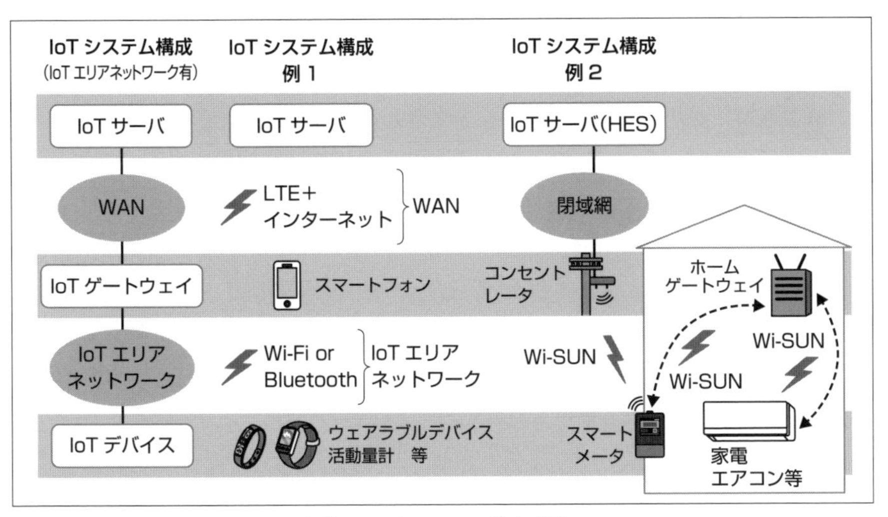

図 5-3-1 IoT エリアネットワーク無線を用いたシステム構成（例）

IoT エリアネットワークに利用されている主な接続方式

家庭内で利用される機器同士など、IoTエリアネットワーク無線で利用される接続方式には、さまざまなものが存在します。主な規格を表5-3-1に示します。

次項より、無線LANを除く各接続方式の概要を解説します（無線LANについては次節の5-4節で詳述します）。

規格	無線 LAN	Bluetooth	ZigBee	Wi-SUN	Z-Wave	NFC	IrDA
周波数帯	2.4/5GHz 帯	2.4GHz	900MHz 帯、2.4GHz	920MHz	主に 900 MHz 帯	13.56MHz	赤外光
最大伝送速度	11Mbps ～6.9Gbps	最大 24Mbps	20～250 kbps	100k ～1Mbps	9.6kbps 40kbps	–	115kbps ～16Mbps
通信距離	～100m	1～100m	30～100m	1～2km	～100m	10cm 程度	～1m
備考	PC、スマートフォンなどに利用され低コストで実装可能		マルチホップ可能	主にスマートメータで利用	相互運用性が高い	近接距離で利用	ノイズに影響されない

表 5-3-1 IoT エリアネットワークにおける主なネットワーク規格

Bluetooth

Bluetoothは、スマートフォンなどに標準的に搭載されており、コンシューマ用途で一般的に使われている通信方式です。規格の策定は、業界団体であるBluetooth SIG（Bluetooth Special Interest Group）が行っています。使用する周波数は無線LANでも使用する2.4GHz帯です。

Bluetoothの特徴として、さまざまな目的に利用できるように複数のプロファイル（機能標準）が規格化されており、アクセス方法、データ同期など基本的機能のプロファイルやマウス、ヘッドセット等の機能に対応した機能別のプロファイルがあります。これによって、同じプロファイルの機器同士での接続が容易になっています。

Bluetoothのバージョンは、普及バージョンの1.1から1.2、2.0、2.1、3.0と更新され、同じ2.4GHz帯を利用する無線LANとの干渉対策や、高速データ伝送規格などに対応してきました。その後、バージョン4.0になると、新たに追加となった仕様（後述のBLE）は3.0までとは互換性がなくなり消費電力の削減を目指した内容となりました。

実際の製品においては、BLEのみに対応するものや、それに加えて3.0までの通信にも対応するもの、と違いがあるため、機器選定時や製品設計時には注意する必要があります。現在、スマートフォンなどで普及しているバージョンは4.1を経て4.2となっており、さらに、より高速（2Mbps）、広範囲での使用が可能でIoT向けに機能が強化された5.0が実用化されています。2019年1月に発表されたバージョン5.1では方向検知機能が追加され、位置検出もセンチメートル単位で可能とされています。IoT向けには次項のBLEを中心にさまざまな機器への導入が進んでいます。

BLE（Bluetooth Low Energy）

BLEはBluetooth 4.0で追加された仕様の1つです。BLEはAppleが2013年にiBeacon（アイビーコン）に採用したことから注目を集めました。その仕様は、通信距離が短く通信速度も低速であるものの、低消費電力であるため、ボタン電池1つで数年連続動作させることも可能な特徴を持ちます。

BLEでは、ペアリング（2つのものを関連付けて通信できるようにすること）したデバイスとの距離を測ることが可能なため、これを利用することによって、IoT関連の用途として「盗難・忘れ物防止」「位置検知」「情報配信」などへの応用が可能です。

ZigBee

ZigBeeは、2002年にZigBeeアライアンスが設立され、ネットワーク層※以上の機器間の通信プロトコル仕様の策定と認証を行っています。ZigBeeは、センサネットワークを主目的とする近距離無線通信規格の1つでベースにIEEE802.15.4を採用しています。

また、複数の無線端末がバケツリレー式にデータを中継することによって、より遠くまでデータを伝送できるマルチホップ通信を行える特徴を持ちます。メッシュネットワークや、ツリーネットワーク構成を取ることができます。メッシュネットワークではコスト増になりがちですが、1つの伝送ルートが遮断されたときに、別の伝送ルートを利用することが可能であり、ネットワークの信頼性を高くすることができます。

Wi-SUN

Wi-SUN（Wireless-Smart Utility Network）は、自動メータ検針（スマートメータ）のために策定された規格です。広域のエリアをカバーするために、マルチホップ通信技術が搭載されています。電柱などに設置されたデータ集約装置（コンセントレータ）から、遠い場所に設置されたスマートメータのデータを収集する場合、各スマートメータにデータの中継機能を搭載し、遠くに設置されているスマートメータのデータをスマートメータ間のマルチホップ通信によって、コンセントレータまでデータを伝送できます。

Wi-SUNアライアンスは、IEEE802.15.4g（通信距離：1～2km）をベースに利用する無線機に対して、各メーカー間の相互接続性を認証する団体で2012年に設立されました。センサデータの収集や組み込み機器での利用を想定し、消費電力を極力削減できる仕様になっており、1日数十回程度のデータ伝送であれば、乾電池で数年間動作することが可能です。

※**「ネットワーク層」**：データ通信を実現するための機能（プロトコル）を階層的に分割したモデルにおける第3層。通信経路の選択を行う。

Z-Wave

Z-WaveはデンマークのZensys（ゼンシス）が開発した技術を基に、ホームオートメーション関連の企業が集まってZ-Wave Allianceが設立され、標準化および各社の互換性の確保が行われています。

物理層※1、MAC層※2はITU-T勧告G.9959に準拠しており、周波数帯は900MHz帯、伝送速度は最大100kbpsとなっています。全ての端末においてフルメッシュネットワークを構築することが可能です。また、他の規格に比べて強い互換性を持ちます。

NFC

NFC（Near Field Communication）は、通信距離が10cm程度の近距離無線通信の規格です。13.56MHzの電波を使用します。交通系ICカードをはじめ、電子マネーや社員証などさまざまな分野で利用されています。以前からある方式として、海外ではオランダのPhilips（フィリップス）（現NXP Semiconductors）が開発したMifare（マイフェア）という規格が最も普及しており、国内ではソニーが開発したFeliCa（フェリカ）が多く利用されています。NFCはこれらの上位互換に当たります。

ICカードタイプの製品はパッシブタグと呼ばれる方式を主に採用しており、バッテリーなどによる給電なしに、電磁誘導によりリーダーからの電磁波をエネルギー源にして電波の送受信をさせることが可能です。一方、フィーチャーフォンやスマートフォンなど、バッテリーを内蔵しており自ら無線通信を行う方式のことはアクティブタグと呼びます。その他、電波の読み取りはパッシブ方式同様に行い、電波の送信は内蔵電池を用いて行うセミアクティブタグという方式もあります。それぞれ特徴やコストが異なるため、利用目的や利用方法に応じて適切な方式を選択する必要があります。

※1 **「物理層」**：データ通信を実現するための機能（プロトコル）を階層的に分割したモデルにおける第1層。コネクタ形状などの物理的な接続を規定する。

※2 **「MAC層」**：データ通信を実現するための機能（プロトコル）を階層的に分割したモデルにおける第2層のデータリンク層の一部。通信回線へのアクセス制御を行う。

IrDA

赤外光を利用した通信は古くから使われており、IrDAやその発展型のIrSimple（IrDAで標準化された、赤外光を利用した高速無線通信の規格）が使われています。フィーチャーフォン同士やフィーチャーフォンとパソコンとの通信に使われていましたが、日本での利用が多く、スマートフォンが一般化するにつれて利用されるシーンはほとんどなくなってしまいました。ただし、赤外光を利用した通信であるため、無線と異なりノイズによる干渉を受けにくいため、電波ノイズが多い環境で活用されるシーンがあります。半面、太陽光などの影響によって動作が不安定になる場合もあります。赤外光は、家庭内機器のリモコンにも多用されており、スマートホームにおいての利用も考えられます。

プライベートLTE

無線局免許不要なLTEとして1.9GHz帯（Band39）のsXGP[※1]での通信も実用化され始めています。企業における無線LANの位置付けとして、「通信エリアの広さ」「重要トラフィックの優先制御」「ノイズ耐性」「セキュリティの向上」などのメリットがあります。また、IoTゲートウェイやLTE対応デバイスを収容できるため、キャリアの電波が入りづらい場所に設置しエリアを補完することも可能です。BLEや無線LANとは異なる周波数を利用するため、これらの電波と干渉しません。sXGPはTDD-LTE方式に準拠しているため、エリアが重複した場合でも混信が発生しづらい特徴を持ちます。また、地域BWA[※2]に割り当てられている2.5GHz帯20MHz幅（Band41）の帯域を自営BWAとして提供することも始められており、今後ローカル5Gと併せて活用されることが検討されています。

ローカル5G

今後普及が見込まれる5Gにおいては、携帯電話事業者が提供する全国系のサービスに加えて、地域ニーズや個別ニーズに応じてさまざまな主体が5Gを活用した

※1 **「sXGP」**：shared eXtended Global Platform、LTEベースの自営無線システム。
※2 **「BWA」**：AXGP/WiMAX R2.1AE

システム（ローカル5G）を導入できる制度の検討が進められています。このローカル5Gでは、携帯電話事業者が提供する5Gサービスとは独立した自営の設備での5Gネットワークを構築することが可能となる予定ですので、IoTエリアネットワークの選択肢の1つとしての活躍も期待されます。用途としては、例えばスマートファクトリーや重機の遠隔操作、CATV引き込み線の無線化、遠隔診療、eスタジアム、自動農場管理、河川等の監視などが挙げられます。

利用可能な周波数帯として、4.5GHz帯と28GHz帯にローカル5G用の周波数割当枠を確保する方針が表明されています。その中でも、他の帯域に比べて検討事項が少ない28.2～28.3GHzの100MHz幅については先行して免許の割り当て方針や技術条件等が取りまとめられることとなっており、最短では2019年中に制度化され利用開始となる見込みです。

5-4 無線LANによる通信
IoTデバイスでの活用も広がる無線LAN

本節では、スマートフォンやタブレット端末、あるいはノートパソコンなどで常用している身近な無線通信である無線LANについての概要を説明します。

無線LANとは

無線LAN（Local Area Network）は、LANを無線によって構成するシステムを示し、パソコンやスマートフォンなどに広く使われています。これまで無線LANは、消費電力の低減よりも高速化に重点が置かれ発展してきました。そのため、他のIoTエリアネットワーク無線に比べ高速伝送が可能な半面、消費電力が大きくなることに留意する必要があります。IoTシステムを、パソコンやスマートフォンなどで構築する場合、すでに搭載されていることからBluetoothとともに、選択肢の1つとなります。

IoTデバイスに搭載される無線LAN

家電などの製品にも無線LANモジュールを搭載することで無線LANに対応させることが可能です。通信機能を搭載した、スマート家電・IoT家電と呼ばれる製品も増えてきました。その中でも無線LANに対応する製品の一例としては、スマートスピーカー、ロボット掃除機、見守りカメラ、ペット用自動給餌器などが挙げられます。

これらの製品はスマートフォンやPCとの親和性が高く、一般的には無線LANルーターを通じてIoTサーバや製品ごとに提供されるスマホアプリやWebアプリと接続し、製品の制御や情報閲覧などを可能としています。無線LANはIoTエリアネットワークに使われる無線方式の中でも消費電力が大きいため、常時電源供給可能なものや、比較的大容量の二次電池を搭載し利用の都度充電可能な製品に主に適用されています。

無線LANとWi-Fi

無線LANの技術標準は、IEEE（米国電気電子学会）により作成され、IEEE 802.11シリーズとして標準化されています。しかし、IEEE 802.11の標準だけでは異なるメーカー間で接続できないことがあり、メーカー間の相互接続を保証する目的で、認証機関としてWi-Fi Allianceが無線LAN機器の設計・製造をする企業などによって立ち上げられました。このWi-Fi Allianceが用いるブランド名「Wi-Fi」が無線LANの代名詞として一般的に使用されています。Wi-Fi Allianceでは互換性検証テストを行い、合格した機器には例えば「Wi-Fi Certified 802.11n」(802.11n規格の場合）などのロゴが表示されています。

無線LANの各種規格

IEEE 802.11シリーズの概要を表5-4-1に示します。

規格	IEEE 802.11a	IEEE 802.11b	IEEE 802.11g	IEEE802.11n Wi-Fi4	IEEE802.11ac Wi-Fi5	IEEE802.11ax Wi-Fi6	IEEE802.11ah
周波数帯	5GHz帯	2.4GHz帯	2.4GHz帯	2.4/5GHz帯	5GHz帯	2.4/5GHz	サブギガ帯（日本：920MHz帯）
最大伝送速度（Mbps）	54	11	54	150(Dual) 600(MIMO)	433(80MHz幅) 6930(160MHz幅)	600.4(80MHz幅) 9607.8(160MHz幅)	4(1MHz幅)
通信距離	50m	100m	80m	50～100m	50～100m	50～100m	～1km
帯域幅（MHz）	20	22	20	20/40	20/40/80/160	20/40/80/160	1/2/4/8/16

表5-4-1 主なIEEE802.11規格の概要

市場では世界的に使用可能な2.4GHz帯を利用する802.11bが先行して普及しましたが、電子レンジや他の無線システム等も利用可能なISMバンドを使用しているため、電波干渉※を受ける可能性が大きくなります。一方5GHz帯を利用する802.11aでは干渉はあまり発生しませんが、周波数が高いため、通信距離は短くなる傾向にあります。

画像転送など、距離が短くても高速な通信が要求されるシステムでは5GHz帯を利用する802.11a、n、acが、家庭内などでアクセスポイント（以下APと表記）と離れた部屋で利用する場合などは2.4GHz帯を利用する802.11b、g、nが主に用

※**「電波干渉」**：通信に利用している電波に、同じ周波数の他の電波が重なり、通信を妨害すること。

いられます。比較的新しい規格である、802.11n、acについては通信距離を保ったまま伝送速度の向上を図るためさまざまな技術が用いられています。

またIoTエリアネットワークに適した規格として802.11ahが策定されており、他の無線LAN規格に比べ低速ですが、1kmまでの長距離通信を可能とする規格であり、Bluetoothや802.15.4など他の通信方式に比べ、高速・大容量な無線通信を小電力かつ広域で提供できることが特徴となります。

無線LAN利用上の留意点

会社内のフロアや工場など広い環境において、無線LANのAPを複数設置し利用する場合、APごとにチャネル（以下chと表記）を固定し利用することでスループットの低下を避けることができます。2.4GHz帯では、chは5MHz間隔で配置されているため、802.11b、nの帯域幅20MHzの信号がお互いに干渉しないように利用するためには1ch、5ch、9ch、13chと離れた4chを利用する必要があります。より干渉を減らすにはさらに離れた1ch、6ch、11chの3chで使用することもあります。

5GHz帯では20MHz間隔で19chが指定されていますが、802.11nの40MHz帯域で利用するには同時に利用可能なch数は9chに減少することに注意が必要です。なお5GHz帯の一部帯域（W52、W53）については現在国内で屋内使用のみに制限がされており、注意が必要です。

また、屋外での利用については、W56の帯域のみ使用可能ですが、気象レーダーの干渉波を検出しchを変更するDFS（Dynamic Frequency Selection）や干渉を回避するため、無線の出力を低減させるTPC（Transmission Power Control）といった機能を具備している機器が必要となり、予期せぬch変更や、停波する場合があることにも注意が必要です。

家庭用の無線LANのAPでは一般に数台のデバイスを接続するだけですが、会社内のフロアや工場などでは数十〜数百台以上のデバイスを接続することもあるため、それに耐えうる性能を有する機器の選定が必要です。それ以外にも以下のようなニーズが存在します。

・移動しながら使うケースもあるため、接続するAPを切り替えながら通信する

機能（ローミング機能）
- 高いセキュリティ確保のための、外部認証サーバとの連携による認証機能
- 高い対環境性能や信頼性、耐久性

これらの点を考慮し、要件を実現できる企業向けの無線LANのAPを選定する必要があります。

複数のAPを設置する際には、電波不感エリアや電波干渉が発生しないようAPの設置個所を適切に設計する必要があり、サイトサーベイ（現地での電波状況の調査）を行うことも大変重要です。なお、フロアのレイアウト変更によって、電波状況が変わり接続しづらくなることもありますので、その点に留意するとともに、レイアウト変更後は再度サイトサーベイを行うなどの対策が必要となります。多くの場合、APの設置場所は天井などになりますが、APからの電波の広がりを考慮してAP間の電波が干渉する領域を、通常IoTデバイスが存在する場所の外になるように配置することで、より多くのIoTデバイスによる利用が可能となります。

電波が波であることから、周囲に壁や機械などの反射物が多数存在する場合、電波は複雑に反射し、それらが重なり合うことで、電波の強い場所と弱い場所が発生します。この電波の強弱の場所の間隔は、周波数が高いほど短く、例えば無線LANで使う周波数では、わずか数cmの位置の違いで大きく電波の強度が異なります。移動しながら使うIoTデバイスが、たまたま電波強度の極端に弱い場所で停止してしまう場合もありますが、こうした場合、少し距離を開けて複数のアンテナを設置するなどの対策が有効です。

5-5 省エネ通信方式とは

月額料金不要の無線通信

IoT システムにおける IoT デバイスの通信は、無線接続の場合が多く、また電源は通常、電池であることが多くなります。さらに、電池駆動といっても何年も動作することが求められます。そのために省エネ通信方式は IoT にとって重要なものとなり、ここまでに解説した通信方式の中にも含まれています。本節では、省エネ通信を実現するためのネットワーク構成や、省エネ化のための留意点について説明します。

省エネ通信が必要な理由

データを集めるセンサなどの設置を考えると、設置するセンサの数が多くなっても維持や管理の手間がかからない方法が重要となります。その対策の1つとして、配線が不要な無線通信による接続を検討することになりますが、設置場所に電源コンセント等がないことも多く、長期間にわたって電池駆動が求められることも少なくありません。この場合、IoTデバイスの数が多ければ多いほど電池の交換、もしくは充電に要する手間やコストは大きくなるため、なるべく電池の消耗を抑え、電池交換をしなくて済むような省エネ通信方式が重要となります。

どのようなネットワーク構成があるか

省エネ通信方式において、IoTデバイスからデータを集約・収集するIoTゲートウェイまでのネットワーク構成（ネットワークトポロジ）は、図5-5-1のような構成に分類できます。ここでノードは中継局のことを指します。ツリー型やメッシュ型のノードは、IoTデバイスからのデータをホップ（バケツリレーのように順次データを受け渡し）してIoTゲートウェイまで運びます。

IoTデバイス側はデータを送信した後、すぐに低消費電力モードに移行できます。しかし受信側は、いつデータが送られてくるか分からないため、常に電源を供給して待ち受けていないといけません。このため、ノードやIoTゲートウェイを構成する機器は、一般に常時電源供給が必要となります。

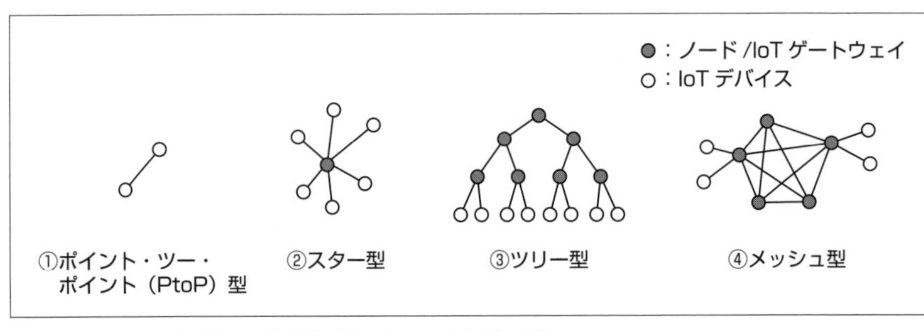

図5-5-1　4つのネットワーク構成（ネットワークトポロジ）

どのような省エネ通信方式があるか

すでに多くの省エネ通信方式が、市場に提供されています。ここでは、代表的な方式を表5-5-1に示します。表の無線LANは、高速通信に適した方式で省エネ通信方式ではありませんが、比較のために掲載しています。

	Bluetooth	IEEE802.15.4	920MHz 特定小電力無線	RFID/NFC	[参考] 無線LAN
特徴	常時接続向け	センサネットワーク向け	長距離伝送	近距離伝送	高速伝送
伝送速度	最大24MBps	20k～250kbps	～270kbps	－	11Mbps~6.9Gbps
通信距離	～10m	30～10m	～1km	～数m	～100m
ネットワークトポロジ(型)	PtoP、メッシュ	PtoP、ツリー、メッシュ、スター	PtoP、ツリー、メッシュ	PtoP、スター	PtoP、ツリー、メッシュ、スター
電源	BLEではボタン電池で数年間	乾電池で数年間	10年以上（アクティブRFIDの場合）	－	乾電池で数時間

表5-5-1　主な省エネ通信方式一覧

この他にも5-3節でも解説したWi-SUN、Z-Waveや、DUST※1、EnOcean（バッテリーレスの自己発電型モジュール等利用システム。本社：ドイツ・ミュンヘン郊外）などの方式があります。これらは、ホームオートメーション用途や工業用など、用途に応じたさまざまな特徴を持っており、用途に合わせて選定することが重要です。また、電波を使用する機器は国内では電波法、海外ではそれぞれの国の法律で定められた規格に準拠し、認証されたものを使う必要があります。

※1 **「DUST」**：DUSTネットワークス（無線メッシュネットワーク）。ダスト・コンソーシアム（2014年4月設立）が推進する低消費電力のセンサネットワーク。

このような通信方式の省エネ化以外でも、次に示す省エネ化のための留意点があります。

①平均消費電力を下げる

送受信時は電力を消費するので、通常は電源オフに近い状態（スリープ状態など）で待機し、一定時間間隔、あるいは送信すべきデータが準備できたときに起動して通信を行うようにします。特に、送信時は電力消費が大きいので、送信間隔を長くすれば平均消費電力を下げることができます。

② 1 回の送信時間を短くする

データそのものをコンパクトにする他、通信プロトコルを工夫してデータのやりとり回数を減らし、通信時間を短くします。前者の方法として、テキスト形式ではなくバイナリ形式にすることが考えられます。また後者の例として、CoAP※2のような軽いプロトコルを採用するなどが考えられます。

本節では省エネ通信方式について説明しましたが、実際のIoTシステム構築における省エネ化対策には、通信部分だけでなく、センサを含めたIoTデバイス全体の省エネを考えることが必要です。

※ 2「**CoAP**」：Constrained Application Protocol。制約された環境下でのアプリケーションプロトコル。制約された環境とは、例えば CPU 能力が低く、メモリ容量が小さいセンサなどを使用する環境のこと。

5-6 セルラー網の仕組み
WANとして活用される携帯電話ネットワーク

本節では、IoTシステムにおける無線WAN上で、どのようにデータが伝送され、情報伝達の仕組みがどのように構築されているのかを説明します。スマートフォンや携帯電話がセルラー網でつながる仕組みを例に見ていきます。

セルラーとは

セルラーとは、移動通信システム（無線WAN）において、通信サービスエリアを区画ごとに「セル」という小さな単位（半径：数km程度）に分割し、そこに基地局を配置して、ユーザ（端末）の移動に合わせて追跡接続する無線通信方式です。携帯電話やスマートフォンなど携帯端末の通信を行う無線WANでは、このセルラーの概念に則った通信によって移動通信を実現しています。

携帯電話がつながる仕組み

携帯電話がつながる仕組みを図5-6-1に示します。携帯電話の通信は、複数の専用機器によって構成されたネットワーク上で、デジタルパケット通信を行うことで実現しています。このネットワーク上に、情報を載せたパケットデータが通過していくことで、携帯電話間の情報のやりとりを行うことができます。また、インターネットに接続して音楽や動画を視聴したり、ショッピングサイトにアクセスしたりするといった通信の全ては、このネットワークを利用することで実現しています。

図5-6-1において、携帯電話が発信を行うと、近くの無線基地局に電波が届きます（図中①）。その無線基地局の情報は、無線基地局を束ねている交換機へ運ばれます（図中②）。その後、接続先の基地局を束ねている交換機にデータを送り、基地局に在圏（エリア内に存在）している接続先へとデータを転送します（図中③）。

このとき、交換機はそれぞれの携帯電話がどの無線基地局のエリアに在圏しているかが分からなければ、情報を届けることができません。その問題を解決しているのがサービス制御装置です。携帯電話は、ネットワークに対して位置情報を通知するため、定期的にどの基地局に在圏しているのか通知しています（図中④）。サービス制御装置は常に、端末の位置情報を加入者情報のデータベースとして保持しています。位置情報の他にも、それぞれの携帯電話がどんなサービスに加入しているかなどの情報も保持しています。

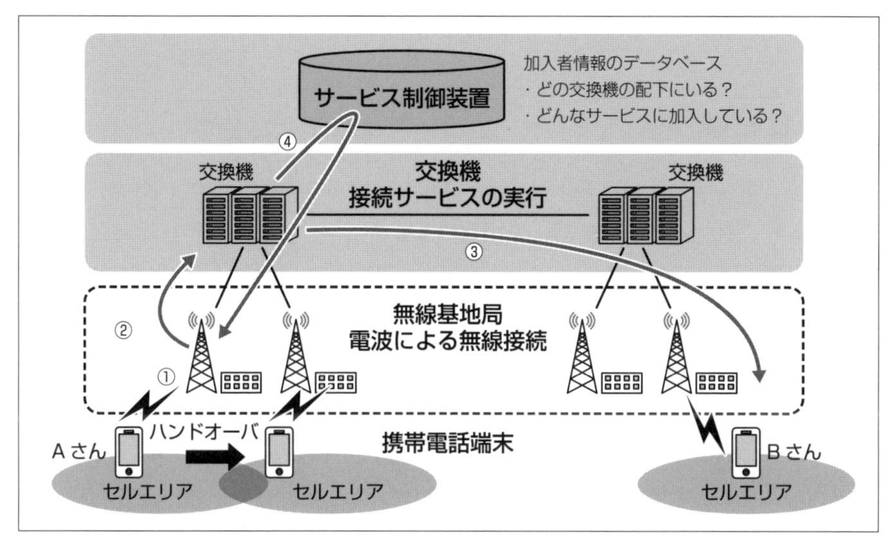

図 5-6-1　携帯電話がつながる仕組み

ハンドオーバ

携帯電話が、特定のセルエリア内で通信している場合問題はありませんが、移動しながら通信をしている場合はどうでしょう。携帯電話による通信は、移動中にも継続的に利用できなければいけません。それを実現するための仕組みがハンドオーバ（無線基地局の切り替え）です。

ハンドオーバとは、移動中の携帯電話がデータのやりとりをする無線基地局を切り替えることで、途切れることなく通信を継続させる仕組みのことをいいます。携帯電話は、一定間隔でどのセルエリアに存在しているかを確認しています。このやりとりの中で、現在通信中の無線基地局からの電波が弱くなった場合、もっと強い電波で通信できる近隣の無線基地局がないかを探し、携帯電話が通信する基地局を切り替えます。このハンドオーバの機能を用いることで、新幹線などによる高速移動中でも、携帯電話の通信が途切れることなく継続的に通信することを可能にしています。

車両に搭載するIoT機器なども想定されますが、上記のような携帯電話がつながる仕組みを利用することで幅広い用途に活用することが可能となります。

VoLTEとは

VoLTE（ボルテ）とは、Voice over LTEの略であり、LTE無線上のパケット通信によって音声サービス（電話）を提供するものです。これと同様に、パケットによる音声通信にはSkypeなどのインターネット電話がありますが、インターネット電話のようにベストエフォート型の通信（伝送帯域が保証されていない通話）ではなく、帯域を保証することで音声品質を確保しています。

VoLTEの特徴としては、高音質通話やビデオコールの高品質化、音声通話をしながらLTEパケット通信を同時に利用可能であること、通話接続時間の短縮などが挙げられます。

5Gの動向

5Gは、国内では2020年からの商用サービス開始が待たれる第5世代移動通信方式です。従来の4Gまでは主に人と人とのコミュニケーションを行うためのツールとして発展し、モバイルブロードバンドの高性能化を中心に進化してきました。5Gでもそれがさらに進化し「超高速・大容量通信（eMBB)」という特徴がありますが、それに加えて「超高信頼・低遅延通信（uRLLC)」や「超大量デバイス接続(mMTC)」といった特徴も持つ、あらゆるモノ・人などがつながるIoT時代の基盤技術として期待されるシステムになります。それぞれの特徴に対する目標値は、eMBB：ピークデータレート下り20Gbps/上り10Gbps、uRLLC：無線区間の遅延1ms以下、mMTC：100万台接続/km2と、従来のシステムを大きく上回る性能が見込まれます。ただしこれらの3つの特徴は、同時に成立するものではありません。

2018年6月に3GPP Release 15の標準化が完了し、フェーズ1としてeMBBを実現するための仕様が優先的に策定されました。国内では2019年のプレサービスを経て、2020年の商用サービスがスタート予定です。このタイミングでは、コストを抑えつつ円滑な5G導入を実現するため、5Gの新たな無線技術（NR）と高度化したLTEが連携して動作するノンスタンドアロン方式（NSA）の利用が前提となります。一方、2019年12月にリリースが予定されるRelease 16では、フェーズ2としてuRLLCやmMTCの仕様も含むフルスペックの策定がなされる予定です。IoT向けの活用が大いに期待される、これらuRLLCやmMTCについては、2020年以降にサービス提供される見込みです。

5Gでは高速・大容量を実現するため、従来のセルラー網で使われてきた周波数帯に加え、3.7GHz/4.5GHz帯や28GHz帯といったより高い周波数帯が利用されます。2019年4月には、これらの周波数帯が国内の携帯電話事業者4社に割り当てられました。従来よりも高い周波数帯であり直進性が強い（電波が回り込まない）ため、Massive MIMOアンテナを用いるビームフォーミングといった新しい技術が活用され、カバレッジの拡大やセル容量の拡大などを実現します。その他の新技術として、異なるアプリケーション・サービスごとにトラフィックの分離を可能とする「ネットワークスライシング」や、超低遅延が求められる用途向けにユーザ近くにデータ処理等を行うサーバを配置し低遅延でサービス提供可能とする「MEC（モバイルエッジコンピューティングまたはマルチアクセスエッジコンピューティング)」なども5Gに合わせ導入が見込まれます。

5-7 省エネ広域通信方式とは
LPWAについて

IoTに適したIoTエリアネットワークとしては、ZigBee、Bluetooth等種々の方式があります。これらの通信方式については、5-3節で説明しました。この近距離の無線通信方式に対し、広域通信方式においても、IoTに適した通信方式が求められています。その代表的な方式として、LPWA（Low Power Wide Area、省電力広域通信ネットワーク）と呼ばれる複数広域の通信方式があり、LPWAが今後どのように発展していくか注目されています。本節では、LPWAについて解説します。

LPWAにはどのような特徴があるか

5-5節で説明した省エネ通信方式は、携帯電話やスマートフォンなどのモバイル通信サービスのような毎月の通信料金がかからない代わりに、数m～数km程度の近距離の通信しかできません。他方、モバイル通信サービスでは広域で通信ができる代わりに、毎月の通信料金が発生し、通信に必要な電力も大きく長期間の電池駆動には不向きなものとなります。IoTでは、監視カメラのような常時大量のデータを流す必要がある場合を除き、一般にセンサからのデータ量は少ない場合が多く、インフラ監視など広域通信を必要とするシステムでは、送信できるデータ量は少なくても、通信料金が安い方式が望まれます。

このような要求に応えるための省エネ広域通信方式として期待されているのが、LPWAと呼ばれる省エネ広域通信方式です。LPWAは、一般のモバイル網とは異なり、IoTのために規格化されたシステムの総称です。LPWAには、免許不要なLoRaWAN、Sigfox、ELTRES、免許が必要な3GPP[※1]標準のLTE Cat.1[※2]（カテゴリ1)、LTE Cat.M1[※3]（移動系、別名：LTE-M、eMTC[※4])、NB-IoT（Narrow

※1 **「3GPP」**：Third Generation Partnership Project。3G（WCDMA）や4G（LTE)、5Gなどの移動通信システムの国際標準化プロジェクト。

※2 **「LTE Cat.1」**：Category1。M2M/IoT対応のLPWA規格（3GPPリリース8：2008年)。

※3 **「LTE Cat.M1」**：Category M1（M:MTC)、3GPPの移動通信向けLPWA標準。

※4 **「eMTC」**：enhanced Machine Type Communications。拡張MTC（Cat.M1の別名)。MTC：Machine Type Communications、マシンタイプ通信。3GPPにおけるM2Mの表現。

Band-IoT、固定利用）などがあります。

LoRaWANやSigfox、ELTRESなど免許不要なLPWAは、免許を持たない事業者でも設置運用ができる方式です。LoRaWANは国内では複数のサービス事業者が提供を行っており、また、オープンな規格で各種機器も販売されていることから自営でネットワークを構築することも可能です。Sigfoxはフランスの Sigfox社が展開するサービスで、フランス国内のみならずグローバルで利用可能ですが、1国1事業者のオペレーターがネットワーク構築・運用を行い提供する方式を採っています。ELTRESは2017年にソニーから発表された国内発となる独自のLPWA通信規格で、一般的なLPWAの特徴の他、「高速移動体対応」「GNSS標準搭載」といった特徴も持ち、2019年9月からサービス開始予定となっています。

免許が必要なLPWAは携帯電話事業者が現在のセルラーネットワーク（LTE）を使ってサービスする方式です。3GPP Release 13で規定された新しい通信方式であるCat.M1、NB-IoTについても、国内の携帯電話事業者にて一方または双方のサービス提供が開始されています。表5-7-1に各方式の特徴をまとめて示します。

方式名称		免許が不要なLPWA		免許が必要なLPWA		
		LoRaWAN	Sigfox	LTE Cat.1	LTE Cat.M1	NB-IoT
規格開発		LoRa Alliance	Sigfox	3GPP（第3世代以降の移動通信システムの標準化団体）		
通信規格		LoRaWAN規格書 V1.0.2 (2016/7)	非公開	3GPP Relese8 (2008)	3GPP Relese13 (2016/3)	
通信速度	上り	300bps ～100kbps	100bps	5Mbps	300kbps/ 1Mbps	62kbps
	下り		サービスあり	10Mbps	300kbps/ 0.8Mbps	21kbps
1回分の通信データ量		11バイト	12バイト	制限なし	←	←
送信頻度		無制限	140回以下/日	無制限	←	←
送信出力電力		13dBm (20mW)	13dBm (20mW)	23dBm (200mW)	20dBm (100mW) / 23dBm (200mW)	←
カバレッジ(伝送能力)		15km程度	30～50km程度	従来LTEと同じ	従来LTEより15dB高い	従来LTEより20dB高い
端末の移動速度		ほぼ静止	←	300km/h以上	40km/h以上	ほぼ静止
セキュリティ		認証および暗号化○	認証○、暗号化はユーザ	従来LTEと同じ	←	←

表5-7-1　LPWAの各種方式一覧

なぜ通信料金が安くなるのか

各方式のうち、LoRaWANとSigfoxの構成モデルを図5-7-1［a］、［b］に示します。例えば、LoRaWANの場合、多数の子局（端末）がLoRaゲートウェイ（基地局）と通信し、ゲートウェイがデータをまとめてネットワークサーバに送ります。

1つのゲートウェイで多くの端末のデータを集約した上で広域網に接続するため、端末当たりの通信費用は安くなります。LPWAの通信距離が長いというのは、端末とゲートウェイ間の距離が長いということです。ゲートウェイから先（図5-7-1［a］のネットワークサーバ側）は別の広域網の仕組みを使い、より広い範囲での接続が可能となります。

図5-7-1［b］に示すSigfoxは、LPWAサービスに特化したフランスのSigfox S.A.が、各国で1社の事業者（日本では京セラコミュニケーションシステム）と契約し、その事業者が各国内のネットワークの構築運営を行います。Sigfoxの技術的な特徴は、バッテリーによる数年間の駆動、事業者がクラウドを提供することによるクイックスタート、低コストおよびグローバル展開が挙げられます。これを実現するために1回のデータ伝送量を12バイトに制限（デバイス識別子、タイムスタンプ除く）、伝送速度も100bpsと極めて低速とし、1日の通信回数も最大140回までとしています。また、現在は上り回線のみの提供となっています。Sigfoxは、定期的なデータ収集やイベント発生時の通知に適しますが、IoTデバイスの制御や高速移動時の利用には適しません。このような制限はありますが、欧州ではヘルスケア、公共インフラ、物流、農業など、さまざまな分野利用例があります。

インフラとしての整備が必要

LPWAは通信インフラとしての性格が強いので、いつでもどこでも使えるようになるには、広くあまねく整備されることが必要です。1つのゲートウェイ（基地局）が遠くの端末と通信できれば、少ない基地局数で広い地域をカバーでき、インフラ整備のコストが少なくて済みます。一方、1つの基地局があまり広い面積をカバーすると、そのカバー領域内の端末数が増加した場合に、アクセスが集中して通信できなくなる可能性が高くなります。いかにバランスを取るかが重要な課題です。

応用に適した方式を使う

表5-7-1のように、LPWAの各方式にはそれぞれ特徴があり、例えば、一度に送れるデータ量や1日当たりで送れる回数が制限されている方式、双方向通信可能な方式や上り通信しか行えない方式、移動するものには適さない方式があります。制約と思えることも、逆にその制約の範囲内への応用には適した方式と考えることもできます。このため、ユーザサイドからは、自分が実現しようとするアプリケーションに対してどのLPWA方式が適しているのかを、採用の前によく検討することが大切となります。

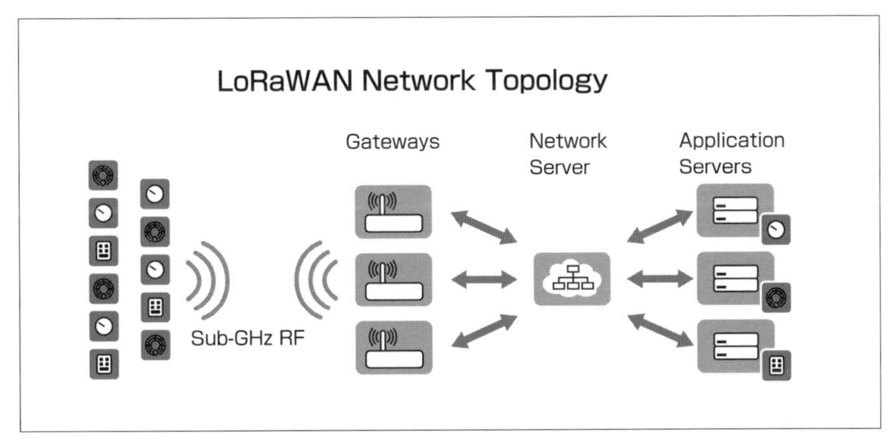

図5-7-1［a］ LPWA方式の構成例（LoRaWANの構成例）
出典：https://www.lora-alliance.org/technology

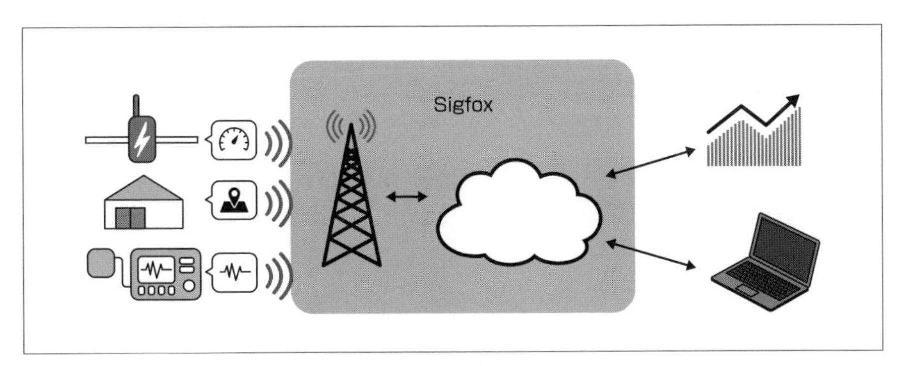

図5-7-1［b］ LPWA方式の構成例（Sigfoxの構成例）
出典：http://www.kccs.co.jp/sigfox/

5-8 電波の特性
IoTにおける無線の活用のために

本節では、IoTデバイスの情報を収集する電波の特性や制度などについて説明します。

電波の特性

電波は、テレビ放送やスマートフォンなど身近なところで利用されていますが、目に見えないためその特性を理解することは容易ではありません。しかし、次に示すような電波の基本的な性質を理解しておくことは、IoTにおいて無線を活用する上で重要です。

・周波数が高いほど、通信距離が短くなり、また壁などの障害物を透過しにくくなります。
・周波数が高いほど、直進しやすく（建物の裏側などに回り込みにくく）なります。
・周波数が高いほど、高速伝送に適し、またアンテナの大きさは小さくできます。

また、利用上の注意点は以下の通りです。

・反射した電波同士がぶつかると弱め合ったり、強め合ったりします。
・電波の反射の仕方は、家具の配置を変えたりしただけでも変わります。
・たくさんの反射物がある部屋などでは、場所によって電波の強さが変わります。

移動通信で利用される電波

移動通信は基地局と端末との間で電波を送受信することによって通信を行いますが、それぞれが好き勝手に電波を発射すると、互いに干渉し合って妨害や混信が発生し、通信ができなくなる場合があります。また、電波は限りある資源なので、国際的に電波の正しい利用方法や有効活用に関して法的な規定が設けられており、日本では「電波法」をはじめとする関連法規によって電波の利用が決められています。

携帯電話やモバイルWiMAXなどのセルラーネットワークでは、移動体通信事業者が総務省から免許を受け、割り当てられた周波数帯を使って無線通信を行うことによりサービスを提供しています。

IoTエリアネットワーク無線に関する制度

IoTエリアネットワーク無線には、利用しやすい周波数帯のISM（工業・科学・医療用）バンドや免許不要な無線局を利用することがあります。ISMバンドの周波数については、他の無線システムや電子レンジなどからの干渉を受ける場合があることに注意して利用する必要があります。

代表的なISMバンドとしては、13.56MHz帯、2.4GHz帯、5.8GHz帯などがあります。また、915MHz帯が南米、北米に割り当てられており、日本でもこれに近い920MHz帯が特定小電力無線局や構内無線局、簡易無線局のために割り当てられたため、米国、欧州、中国、韓国、オーストラリアと周波数帯が重なるようになり、無線タグシステム（RFID）等の国際的互換性を確保しています。

その他免許不要な無線局については以下に該当する無線局が主に利用されています。主な無線局の概要を表5-8-1に示します。

①微弱無線局

発射する電波が著しく微弱な無線局

②特定小電力無線局

総務省が指定する周波数、方式、特定の用途や目的の無線局。技術基準適合証明を受けている無線局

③小電力データ通信システム

総務省が指定する周波数を使用し、送信電力が10mW以下で主にデータ通信を行う無線局。技術基準適合証明を受けている無線局

④簡易無線局

有資格者（無線従事者）による操作を必要としない簡易な無線局で、技術基準適合証明を受けている無線局。920MHz帯では登録が必要

システム	用途	周波数	送信電力	伝送速度	通信距離
微弱無線局	規定なし	主に322MHz以下	周波数帯による	規定なし	数cm～数十m
特定小電力無線局	工業用テレメータなど	315MHz帯	25μW、250μW	75～192kbps	～1km
		400MHz帯	1mW、10mW	4800bps	～3km
		1200MHz帯	10mW	143kbps	～1.5km
	スマートメータ、HEMSなど	920MHz	1mW、20mW	20～400kbps	
小電力データ通信システム	無線LAN、Bluetooth、ZigBeeなど	2400～2497MHz	3mW/1MHz 10mW/1MHz		～250m
高度化省電力データ通信システム	無線LAN（国内）	2471～2497MHz	10mW/1MHz	600Mbps	～250m
簡易無線局	近距離無線通信、アクティブタグ	920MHz帯	250mW	20～400kbps	～2km

表5-8-1　主な免許不要の無線局の概要（国内での利用）

なお、電波法令で定める技術基準に適合している無線機には図5-8-1のマークが表示されています。また、スマートフォンでは、本体に表示がなくても、「＊#07#」とダイヤルすることで、技術基準適合の確認ができます。技術基準適合証明は、わが国の技術基準に適合していることのみを示していますので、国外での利用には、その国ごとの法令に従う必要があります。

図5-8-1　技術基準適合証明マーク

免許不要な無線局は、無線局の免許や無線従事者を置くことなく利用が可能です。IoTエリアネットワークは数多くのIoTデバイスを利用することや、比較的狭い範囲での利用になるため、免許不要な無線設備を利用することが多くなります。これらの無線局であっても、ISMバンドなど他のユーザなど多数で利用しているものもあり、他のシステムからの干渉や他のシステムへの妨害について注意する必要があります。

5-9 IoT プロトコルとは
IoT 向けに求められる特性

プロトコル（Protocol）とは、通信規約、つまりどのような手順に従って相手とやりとりするか、という通信上の約束事のことを指します。皆さんが何気なく Web サイトを閲覧しているときも、裏では通信プロトコルに沿った複雑なやりとりが行われています。本節では、IoT システムで使用するプロトコルの検討に当たって、どのような点を考慮しなければならないかを解説します。

IoT 向けに必要な特性

実現しようとする目的によって、IoTシステムで使用するプロトコルの制約事項は異なります。使用するプロトコルを選定するときには、次の項目を検討する必要があります。

・軽量性：限られたハードウェアリソース（CPU やメモリ容量等）を使って実装できるか
・低消費電力化対応：電池駆動時間を延ばすために、低消費電力化に対する仕組みがあるか
・移動対応性：移動するデバイスでも通信できるか
・リアルタイム性：データ入手までの時間はどうか（ミリ秒 / 数秒 / 数時間 /1 日 /1 月など）
・到達性：通信の途中でデータが消失しても、最終的にデータが到達できる工夫があるか
・通信形態：1 対 1、1 対 n、n 対 m など
・通信発生の契機：開始が IoT デバイス側からか、センター側からか
・通信の発生頻度：1 分ごと、1 時間ごと、1 日ごとなど
・データサイズ：どれくらいの大きさのデータを送るのに適しているのか
・サポート台数：何台までの IoT デバイスに対応できるか

IoT向けプロトコル

2015年1月に発行されたM2M／IoTの国際標準化組織「oneM2M」のoneM2M技術仕様書では、IoT向けプロトコルとして、HTTP（Hyper Text Transfer Protocol）、CoAP（Constrained Application Protocol）、MQTT（MQ Telemetry Transport）の既存プロトコルを用いることが規定されています。この他にも数多くのプロトコルがありますが、本節ではこの3つのプロトコルに加え、スマートハウス用の通信プロトコルとして注目されているECHONET Liteと各種EMS(Energy Management System)、また新たなIoT向け通信規格であるNIDDについても併せて説明します。

① HTTP

HTTPは、HTMLで書かれた文書などの情報を、Webサーバとクライアント（パソコンやタブレットなど）でやりとりをするときのプロトコルです。IoTシステムでは、このHTTPとの親和性が高いREST※という方法を使用してメッセージのやりとりをする事例が多く提案されています。RESTはパラメータを指定して特定のURL（Uniform Resource Locator。インターネット上のリソースの特定を行う識別子）にHTTPを用いてアクセスすると、XMLやJSON（JavaScript Object Notation、XMLなどと同様のテキストベースのデータ形式）等で記述されたメッセージが送られる仕組みです。なお、RESTは厳密な技術的定義が規定されているものではありません。

② CoAP

インターネット技術の標準化機関IETFでIoT通信向けに標準化されたWeb転送プロトコルです。CoAPは、HTTPとの互換性、ヘッダ量の削減、通信シーケンス処理の簡易化を主な特徴としています。CoAPでは、通常140バイト必要なHTTPヘッダを、バイナリ化によって4バイトに圧縮しています。ヘッダとは、宛先や送り主など、通信に必要な情報を書き留めて、本文の頭に付加したものです。CoAPのヘッダを用いることによって、通常のHTTPヘッダを用いた場合に比べて、通信に必要なデータ量が60％程度削減されると期待されています。

※**「REST」**：Representational State Transfer、Webアーキテクチャの1つで、特定のURLにHTTPを用いてアクセスするプロトコル。

また、HTTPでは、毎回通信が成功したかを標準的に確認するTCP接続ですが、CoAPでは標準で確認手続きを行わないUDP接続で通信を行うため、TCP接続より処理の負荷が軽くなります。

③ MQTT

MQTT※は、IBMとEurotech（ユーロテック）のメンバーにより1999年に考案されたプロトコルです。図5-9-1に基本的な仕組みを示します。MQTTは、メッセージを発行するパブリッシャー、購読者であるサブスクライバー、両者を仲介するブローカーからなるメッセージ発行・購読モデルを採用しています。パブリッシャーは、発行するデータがどのようなものかをトピックと呼ばれる情報として付加します。サブスクライバーは、ブローカーに対してどのようなトピックが欲しいかを登録しておきます。パブリッシャーがブローカーにトピック付きデータを送ると、ブローカーが該当トピックの情報が欲しいと登録したサブスクライバー全員に対してデータを転送します。

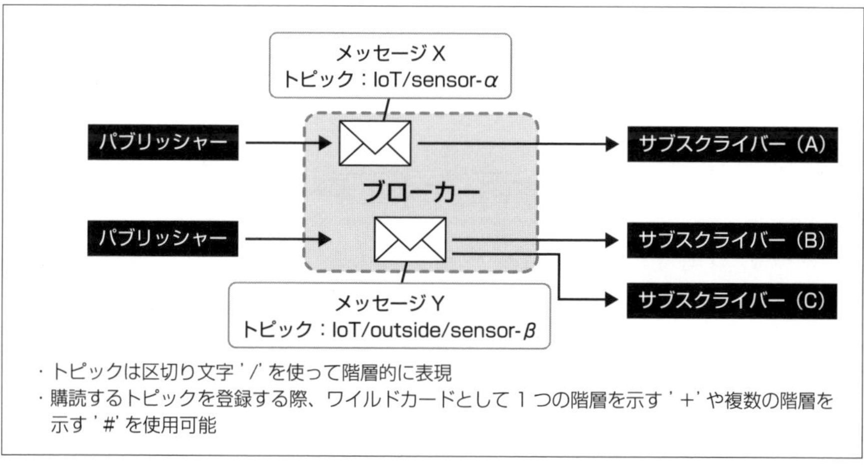

図5-9-1　MQTTの仕組み

④ ECHONET、ECHONET Lite

ECHONETは、一般社団法人エコーネットコンソーシアムが2000年に策定したスマートハウス向けの標準規格です。電力管理やホームセキュリティなど設備系の

※**「MQTT」**：MQ Telemetry Transport（以前は、Message Queuing Telemetry Transportといわれていた）。IoTに適したシンプルで軽量なプロトコル。OASISで標準化が行われている。

ネットワーク規格ですが、規格化された物理層が世の中の進化のスピードに追従できないため、利用は限定的なものとなりました。これを現実に即したものとして仕様策定されたものがECHONET Liteです。ECHONET Liteは、IP（Internet Protocol）ベースの仕様であり、物理層からトランスポート層※1までは規定せず、それよりも上位のECHONET Lite通信処理部のみを規定しています。2013年にはIEC62394 Ed2.0、2015年にはISO/IEC 14543-4-3として国際標準規格として承認され、国内ではHEMSの標準プロトコルとして認定されています。

⑤ NIDD（Non-IP Data Delivery）

3GPP Release 15で規定化されたプロトコルであり、IPプロトコルによらず、携帯電話の制御メッセージにデータを乗せて送り、SCSやSCEFにてIPパケットと制御メッセージのデータ変換を行うことで通信を実現します。IPベースのヘッダやNB-IoTにおけるヘッダに比べ、ヘッダ情報が少なく、通信キャリアに閉鎖されたネットワーク内でのみ利用されるため、通信の暗号化が不要であり、小さなデータとして取り扱うことができます。これにより、通信に必要な電力を抑えることができ、通信の成功率も向上します。結果として、基地局からより遠くの機器まで接続が可能となります。

ECHONET Lite利用事例とエネルギー管理システム（EMS）

ここでは家庭でのエネルギー管理システム（EMS：Energy Management System）であるHEMSとビルや工場などのエネルギー管理システムについて説明します。EMSは電力使用量の可視化、節電（CO2削減）のための機器制御、ソーラー発電や蓄電器の制御を行うシステムを意味し、提供されるエリアによって表5-9-1のように細分化されます。

HEMSの規格として、米国ではZigBeeプロファイル（機能仕様）としてSEP1.0（Smart Energy Profile 1.0、スマートエナジープロファイル）が電力制御仕様とし

※1 **「トランスポート層」**：データ通信を実現するための機能（プロトコル）を階層的に分割したモデルにおける第4層。端末同士のデータ転送を確実に行うための層。

※2 **「6LoWPAN」**：シックスロウパン。IPv6 over Low-power Wireless Personal Area Networks。低消費電力な無線モジュールで構成されるネットワーク上で、IPv6アドレスに基づいて通信を実現するための標準プロトコル。

て規定されましたが、IPベース（6LoWPAN※2）を利用したSEP2.0といった規格も策定されています。欧州ではKNX、日本ではECHONET Lite（エコーネットライト）が利用されています。ECHONET Liteでは通信処理部のみ規定（OSIの5～7層を規定）されており、無線方式としてはIEEE802.15.4などが利用されます。スマートメータとHEMSをWi-SUNなどを利用して接続することによって、CEMSとの接続が実現されます。

BEMSは、電力の使用状況の可視化、機器の制御の他、特にデマンドピーク（電力需要のピーク）を抑制することが要求されます。消費電力をリアルタイムで計測し、契約使用量を超過しそうなときに警告を出したり、一部の電力使用を抑制し、電力使用量のピークを抑えたりすることで電気基本料金の削減を実現します。

FEMSは、基本的にBEMSと同様の内容が求められますが、製造ラインの設備やボイラーの監視など、制御対象が若干異なります。

CEMSは、地域全体のエネルギー管理であり、電力使用量の自動検針やブレーカー（配線用遮断器）制御なども含まれます。

HEMS	「ヘムス」家庭向けエネルギー管理システム
BEMS	「ベムス」商用ビル向けエネルギー管理システム
FEMS	「フェムス」工場向けエネルギー管理システム
CEMS	「セムス」家庭、商用ビル、工場、発電所などを含んだ地域全体向けエネルギー管理システム

表5-9-1　エネルギー管理システムの管理対象

column　ローカル5Gで変わる世界

スマートフォンなどのスマートデバイスがもたらしたライフスタイルの変革は、フィーチャーフォンの時代には想像もできなかった大きなものとなっています。

図1は、4G時代から5G時代への変化を示しています。図1上段の4G時代では、スマートデバイスにより、会話からインターネットアクセスでの情報処理までのサービスを、場所を問わず受けられるようになりました。どこでも写真を送るのに困らない通信速度が得られることは、写真を使うコミュニケーションを呼び込み、娯楽や趣味の領域でもライフスタイルを変えました。例えば、チケットの購入は電話や店舗での調達から、Web活用がメインに進展し、球場で野球を観戦しながら同時進行の他球場の試合進捗も楽しむような広がりが出てきました。

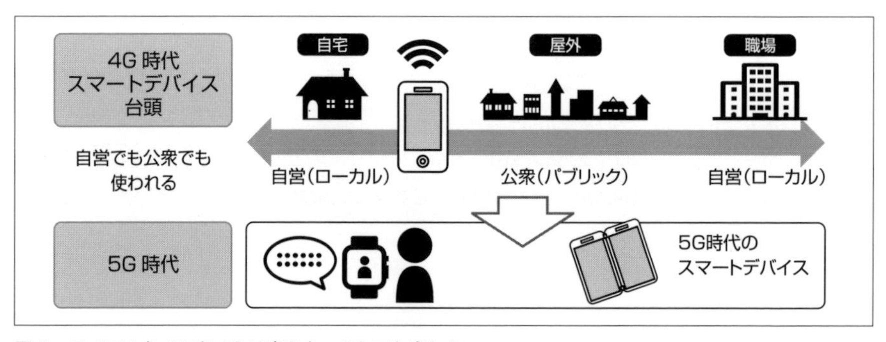

図1　ライフスタイルを4Gは変えた。5Gでも変わる

また、スマートデバイスが1つあれば、どこでも有志間での相談や会議ができ、Webツールを使ってどこででも業務やコラボができたります。このようなシーンでのサービス活用をセキュアに提供する技術者は、着々とノウハウを貯め、現在のビジネスを支えているわけです。

そして、ノウハウに裏付けされたサービスを、どこでも使えそうな速度と、特定の場所で使える速度に合わせた無線通信サービスを充実させてきました。

5G時代になると、さらに、どこでも使える速度の桁が上がり、特定の場所やエリアであればさらに付加価値サービスがより高速に、あるいは、安価な低速で受けられるようになります。

5G時代のスマートデバイスは、4K対応などでの画像監視能力が高く、左右画面分割をしても十分な情報が左右の目にそれぞれ行き渡ります。そのような左右の目への情報で、立体的に情報取得活用、あるいは、見ているものをクラウドで認識して、目の前の機器操作や地震の運動や運動用品活用からの成果の履歴を踏まえてのトレーニング支援が受けられるようなシーンが身近となるでしょう。

4G時代の課題は、ICT活用力格差でした。これは、情報格差ともいわれました。それが5G時代では、人の五感により機器への操作を伝えることができ、本や文書でやり方を把握する時間が省け、ICT活用力の獲得がこれからの人でも、即実活用ができることになります。

5Gの通信速度や低遅延は、自営5Gでもその恩恵を受けられます。自営では、そのような単なる高速化や遅延時間低減を超え、利活用が可能です（図2参照）。

自営網の中でのコミュニケーションとして従来は電話があり、その電話の構内交換設備が提供されてきました。構内交換設備の導入で、構内での通信事業者に払う電話代がなくなり、保留転送会議や伝言サービスなどの付加価値サービスも使えるようになり、さらに、山間部などで電話が自由に使えるといいがたい地域での自営地に、コミュニケーションサービスが導入できたりします。

このような付加価値は5Gの自営（ローカル5G）活用でも同等で、時間や量産効果と共にリーズナブルになってくる5Gの自営での付加価値化運用ノウハウは、新たなビジネスを呼びこむことでしょう。

図3に示すように、5G自体で使える通信帯域も広がろうとしています。通信活用は、図3の上段のように初期のサービスを使いこなし、ノウハウを蓄積してゆくと、その発展系を活用したサービス提供力が増します。

自営交換設備での電話（有線）は、電

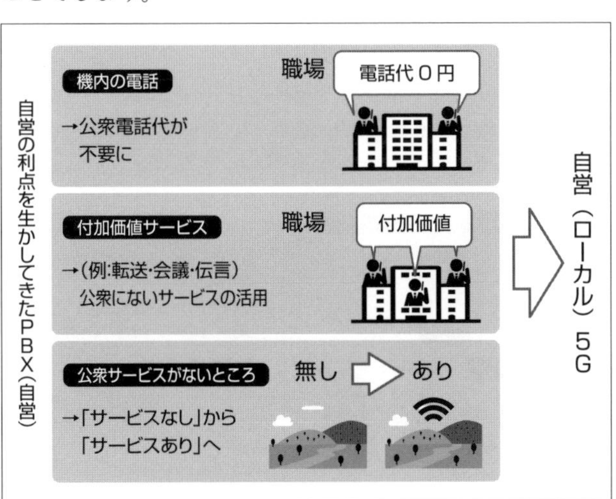

図2　自営は、さらなる付加価値を提供する

図 3　通信帯域が広がる 5G

話線の活用力に、LAN用ツイストペア線活用力を足すように発展しました。PHSなどでの無線電話は、4Gでも使っている方式も使えるようになりました。例えば、sXGP、PHSと同じ1.9GHz帯を使い携帯電話向けの4G通信技術を使う方式です。1.9GHz帯も、5Gでの通信方式が使えるように議論が進展中です。また、自治体の自営通信を支援する、2.5GHz帯も5Gへの対応化が議論されています。

5G化が進むと、5Gでの当たり前な1桁上の高速サービスがどこでも使えるようになり、図4に示したような、4Gより一歩進んだシーンの開拓と提案力の競争時代となると予想されます。そのためにも、今使える技術からサービス構築力を蓄えることが、5G時代の競争を有利に展開できることにつながると思われます。

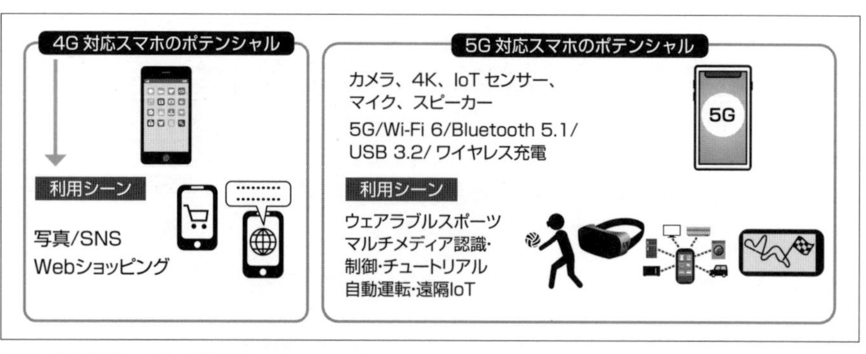

図 4　5G 対応スマホの利用シーン

第6章

IoTでデータを活用する

IoTを活用するに当たっては、第1章で説明したように、収集したデータのサービス化や、データを価値ある情報に変える仕組みまで検討することが重要です。IoTシステムでは、大量のデータが発生するため、効率の良いデータ管理手法、データ分析の進め方、データを効果的に活用するためのデータ分析手法の習得が必要です。

本章では、収集したデータを活用するための分析手法の概要を学習します。IoTデータの活用技術の基本として、統計と確率、回帰と相関、機械学習、および機械学習の1つである深層学習の概要について解説します。

6-1 IoTでデータを活用
データ分析と活用方法

IoTシステムの普及に伴い、データを生成するデバイスも膨大な数になることが予想されます。図6-1-1は、総務省の平成30（2018）年度情報通信白書における2020年までのIoTデバイス増加予想のグラフです。2020年には、世界全体で400億個以上のIoTデバイスがインターネットにつながり、さまざまな場所から大量のデータ（ビッグデータ）が生成されると予想されます。これらの大量のデータはただ蓄積するだけでは意味がなく、分析することで価値ある商品・サービスの創造や、人を介さない高度な機械制御などを可能にするAI技術に利活用できると期待されています。

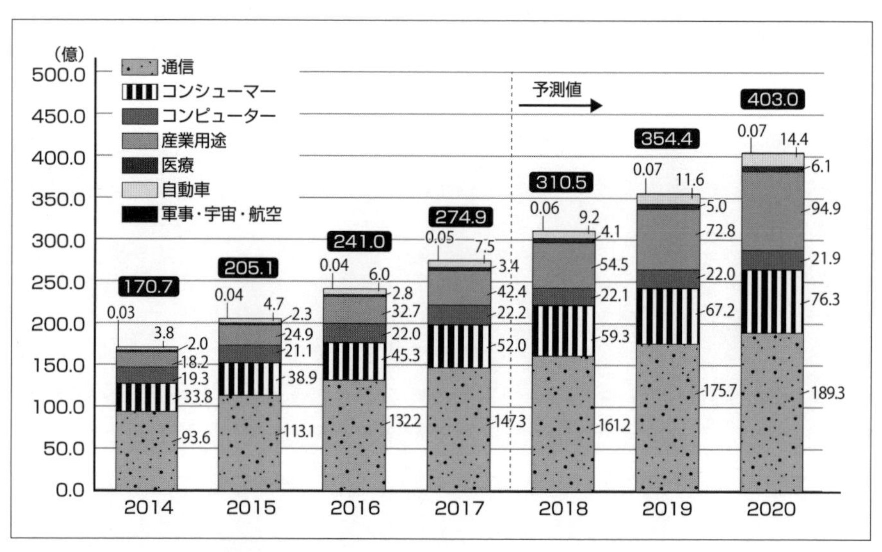

図6-1-1　IoTデバイスの予測
出典：総務省「平成30年度情報通信白書」を基に作成
http://www.soumu.go.jp/johotsusintokei/whitepaper/ja/h30/pdf/30point.pdf

企業におけるデータ分析

IoTシステムから収集されたデータの分析は、企業におけるビジネス活動としても積極的に利用されています。例えば、販売店では、メーカー名や商品名、仕入値、入荷日、賞味期限、POS等による売り上げ情報など、たくさんの項目が日々積み重なり膨大なデータとなって蓄積されています。売り上げデータは集計され、今後の販売予測やよく売れた商品の仕入れを増加することなどに活用されます。さらに、統計的な手法を使うことによって、単に集計・分析するだけでは分からなかった隠れたデータのパターンやルールを発見することが可能になります。これをデータマイニング（DM：Data Mining、膨大なデータから有用な知見・価値を見い出すこと）と呼びます。

また、企業内のデータを使ってビジネス上の意思決定に利用するデータ分析はビジネスインテリジェンス（BI：Business Intelligence）ともいわれ、分析された結果は、ユーザへの提案、新規ビジネスの開発、生産管理の効率化などに役立てられています。

このようなデータ分析では、まず課題や目的を設定しデータを集め、どのような手法で分析すべきかを検討する必要があります。また、分析手法を選択するためには統計的な知識も必要になります。分析するツールとしては、MicrosoftのExcelやAccessも多く使われていますが、本格的な分析ソフトウェアとしては米国SASインスティチュートのSAS（Statistical Analysis System）、IBMのSPSS（Statistical Package for Social Science）などがあります。

IoT時代のデータ分析

IoTデバイスが普及すると、大量のデータがさまざまな場所から送信されます。これらのデータは、どこからでもアクセスできるクラウドサービスを使って集められ、管理し分析を行います。データは日々送信されるため、テラバイト（Terabyte：1,024ギガバイト）やペタバイト（Petabyte：1,024テラバイト）といった大量のデータを管理し、分析する必要があります。このようなデータ量は、従来のデータベースの管理技術では十分な処理ができません。このためHadoop※1やApache Spark※2といった大量のデータ処理に対応したシステム基盤を使って管理や処理を行います。

※1 **「Hadoop」**：ハドゥープ。ビッグデータを効率的に分散処理・管理するためのソフトウェア基盤のことで、ASF（Apache Software Foundation、Apacheソフトウェア財団）が開発・公開しているオープンソースソフトウェア。

※2 **「Apache Spark」**：Hadoopの後発として期待されるビッグデータ処理のソフトウェア基盤。

　また、クラウドコンピューティングで大量のデータを処理することによって、遅延が発生したり通信回線に負荷がかかったりすることが予想されます。そのため、クラウドにデータの蓄積と処理を全て任せるのではなく、IoTデバイスの近くでシステム基盤を作り処理の一部を任せるエッジコンピューティング方式※が広まりつつあります。このエッジコンピューティングによって、通信負荷や処理遅延が低減されリアルタイム性の高い利活用ができるようになります。

　さらに、機械学習や深層学習といったアルゴリズム（処理手順）を使うことで、これまで人がソフトウェアを使って分析しても気付かなかった特徴やパターンを、ビッグデータの中から抽出できる可能性があります。この分析結果を使って、危険予測や機械の自動化、熟練作業者の技術取得など、さまざまな産業分野での活用が期待されています。AI分析を使ってデータを活用する例を図6-1-2に示します。図に示すように、データ分析した結果がさまざまな社会課題の解決や新たな産業の創造など、現実社会へフィードバックされ活用される新しい社会の形を作ります。また、そのための技術開発や研究が、活発に行われています。

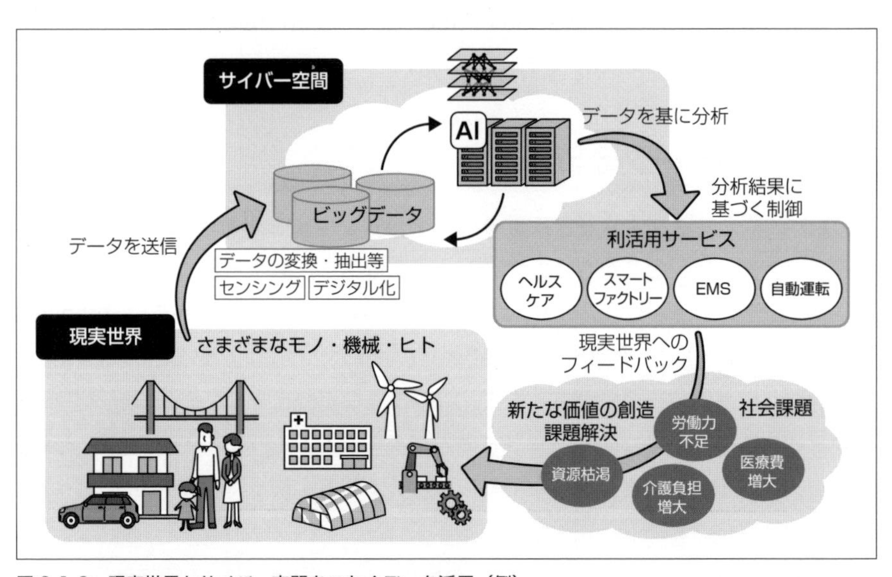

図6-1-2　現実世界とサイバー空間をつなぐデータ活用（例）
出典：総務省「平成28年度情報通信白書」を基に作成
http://www.soumu.go.jp/johotsusintokei/whitepaper/ja/h28/pdf/28point.pdf

※**「エッジコンピューティング方式」**：1-6節参照。

6-2 データ分析とアプローチ手法

データ分析の進め方

手当たりしだいに次々とデータを集め、分析ツールを使って分析をしても有効な結果が得られるとは限りません。問題や課題、新しいアイデアを裏付けるためなどの目的を明確にして、その目的達成のために作業を進めることが重要です。このような作業はチームで行う場合が多く、それぞれがどのような作業を行い、どこまで進んでいるか状況を把握する必要もあります。また、チームのメンバーそれぞれが何をいつまでに行うか、という作業を整理し共有することも必要です。作業の進め方には、いろいろな方法がありますが、そのアプローチの仕方として２つの手法を紹介します。

【手法 1】PPDAC の活用

データ分析を進める手法の1つとして、PPDACというフレームワークがあります。これはProblem（問題）、Plan（計画）、Data（データ）、Analysis（分析）、Conclusion（結論）の5つのプロセスに分けて効率的に作業を進める手法です。各プロセスの概要を以下に示します。

① Problem（問題・課題）

データ分析をする目的や問題を明確にします。目的を具体的にすることで、以降の作業で何をすべきか明確になってきます。

② Plan（計画）

分析を行うための計画を立てます。必要なデータの種類、入手方法、期間、問題解決のための分析手法など作業を行う上で必要な項目を挙げ、日程も考慮して計画を立てます。

③ Data（データ収集）

②の計画に沿ってデータを集めます。データの入手状況を確認し管理します。

④ Analysis（データ分析）

③で収集したデータを、一度加工します。生のデータは、取得・生成時に発生するノイズやエラーのため、データの欠損、外れ値（他の値から大きく外れた値）など、使えないデータが含まれます。そのまま分析すると、精度の高い結果が得られません。そこで、表や散布図など使って確認し、異質なデータを削除する、あるいは別の値に置き換える、といったクレンジング（整理）処理を行います。データ加工が完了すると、②で計画した手法でデータ分析を行います。

⑤ Conclusion（結論）

④の結果をまとめます。データ分析の結果、①の問題や課題の解決に至ったかどうかの評価をします。期待した結果が得られない場合は①に戻り、再度問題定義を変えて作業を行う必要があります。

この工程をまとめたものが図6-2-1です。作業の結果、新たに課題が見つかれば、再度PPDACを実行することもあります。

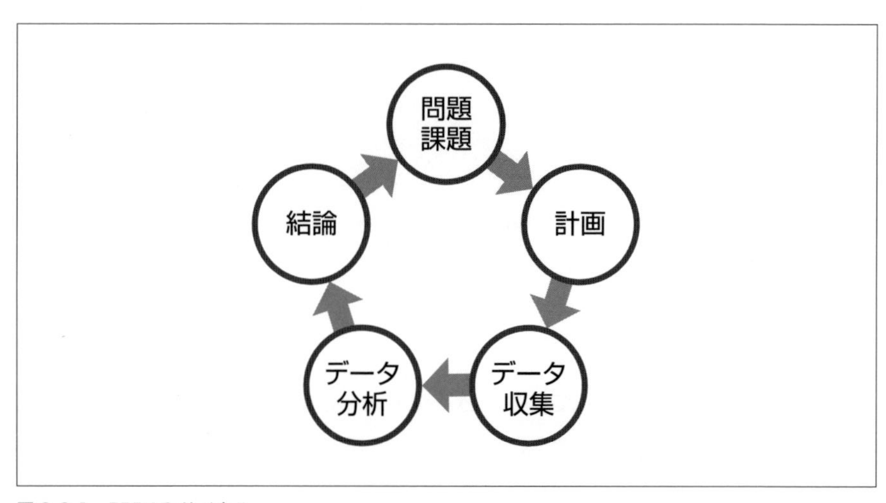

図6-2-1　PPDACサイクル

【手法 2】仮説に基づくデータ分析

収集されたデータに対し、仮説を立てて作業を進める手法があります。イシューツリー※（Issue Trees）という樹木図にまとめることにより、作業を進めやすくなります。故障が多発する課題に対するイシューツリー例を図6-2-2に示します。

図6-2-2において、まず「故障が多発」という問題提起に対して、原因を推測した「仮説」を立てます。その仮説の検証のために必要な「データ」は何か調査し、不足していれば追加データを収集します。集まった「データ」は適切な「手法」を用いて分析を行います。ここで重要な点は、仮説を立てて、分析に必要なデータは何かということを絞ることです。また、データは無数にあるため、何が必要か分からなくなる場合があります。むやみにデータを集めるのではなく、仮説を立てて、的を絞ることが必要です。

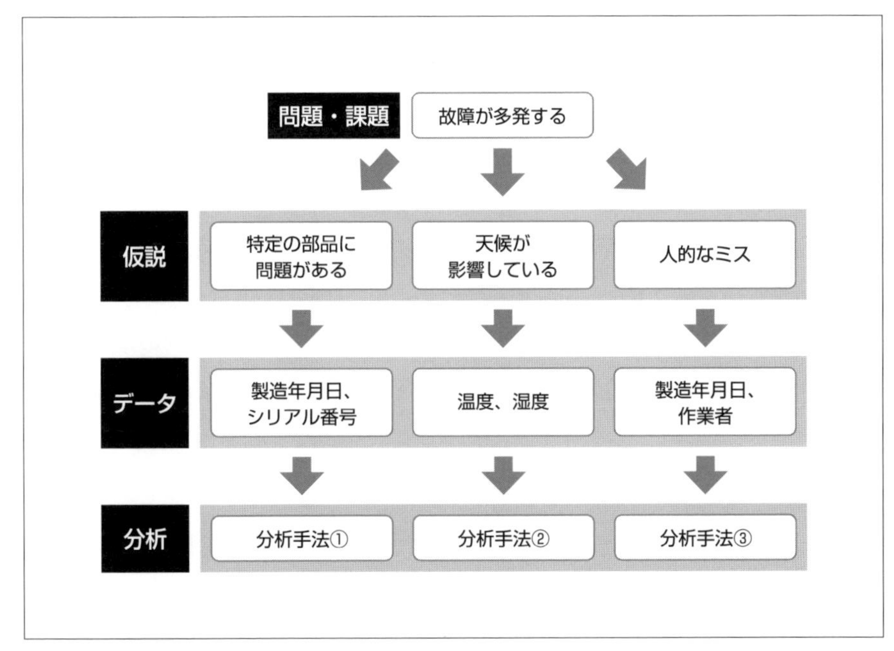

図 6-2-2　故障多発に対するイシューツリー（例）

※**「イシューツリー」**：問題をツリー状に分解して整理し、原因や解決法を探すこと。

6-3 統計と確率

統計と確率を使ったデータ分析

統計学の目的は、複雑でバラバラに見えるデータを表やグラフにまとめ、データの特徴を調べることによって、さまざまな現象を説明することにあります。ビジネスの分野では、実際に統計的な手法を使ってデータを分析することで、例えば、1週間の気温によって店舗の商品の仕入れを予測したり、アンケートの結果から新たなマーケットを探り出したりするなど、さまざまな場面で利用されています。

基本統計量

統計を用いて分析を始めるためには、まず基本統計量を出すことから始めます。基本統計量とは、平均や分散、標準偏差など、統計学で使用する基本的なデータのことを指します。例として、東京における過去11年間の8月1日の平均気温を表6-3-1に示します。

基本統計量はExcelを使って簡単に計算ができ、その結果を表したものが表6-3-2になります。平均温度が約27.4℃、分散は約6.16であることが分かります。表中、分散は、データのばらつき度を表しており、平均から離れたデータが多いほど大きな値になります。標準偏差は、分散の平方根で、同じくデータのばらつき度合いを示す指標になります。

8月1日の気温の傾向

8月1日の気温がどのような傾向にあるのかを、ビジブル化（視覚化）してみましょう。例えば、表6-3-1でヒストグラム（度数分布。例えば温度などの数値の分布を視覚化するグラフ）を使うと、どのようなデータが多く出現しているかを、視覚的に表示することができます。ヒストグラムは、データを一定の幅に区切ってデータの個数をグラフに表したもので、図6-3-1の例では、気温を2℃ごとのデータ区間に区切り、その区間の気温がどのくらいの頻度で現れるか個数をカウントしています。これを見ると26～30の区間が一番多くなっており、表6-3-2に示す平均値27.4とも一致しています。

	気温
2006年8月1日	22.9
2007年8月1日	27.4
2008年8月1日	27.4
2009年8月1日	24.6
2010年8月1日	29.8
2011年8月1日	24.5
2012年8月1日	29.4
2013年8月1日	27.5
2014年8月1日	29.8
2015年8月1日	30.5
2016年8月1日	27.4

表6-3-1　8月1日の平均気温　出典：気象庁

平均	27.38182
標準誤差	0.748552
中央値（メジアン）	27.4
最頻値（モード）	27.4
標準偏差	2.482667
分散	6.163636
尖度	−0.73145
歪度	−0.54843
範囲	7.6
最小	22.9
最大	30.5
合計	301.2
データの個数	11

表6-3-2　基本統計量

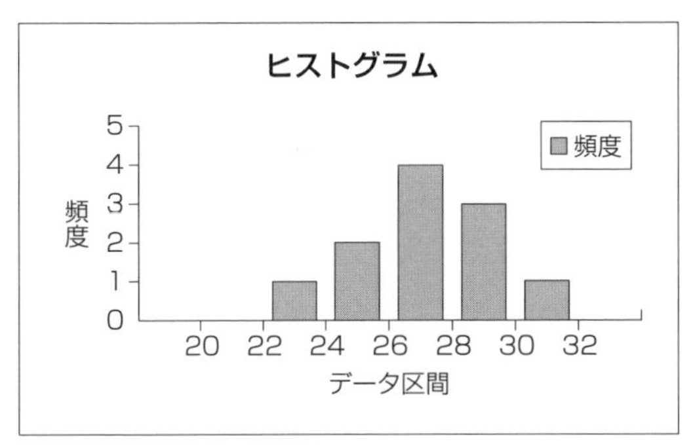

図6-3-1　8月1日平均気温のヒストグラム

8月1日が25℃以下になる日の確率

次に、8月1日の気温がどれくらいの割合で25℃以下になるか計算してみましょう。このようなときに統計の分野では、平均値と標準分散を用いて「正規分布」と呼ばれる確率モデルに当てはめて考えます。正規分布とは、さまざまな社会現象や自然現象におけるばらつきがどれくらいの確率で発生するかを表す標準的なモデルで、頻繁に利用されます。

正規分布は、Excel関数に平均と標準偏差を入れることで簡単に求めることができます。表6-3-2の基本統計量を基に、20℃から35℃の計算の値を表したものが図6-3-2になります。この正規分布では、25℃以下になる確率は約16.9%（0.168684）となります。この値は平均値と標準偏差からExcelのNORM.DIST関数（Excel 2010以降）を使って次のように計算ができます。

0.168684 = NORM.DIST(25,27.38182,2.482667,true)

この式は、正規分布全体を1としたときに25℃以下となる部分の面積を計算しています。全体を100%とすると、25℃以下となる確率（累積確率）が約16.9%となることを表しています。

経験的な値や、誤差かな？と思う現象を統計と確率を使って分析することで、どれくらいの確率で発生するといったような、客観的な説明や推測ができるようになります。

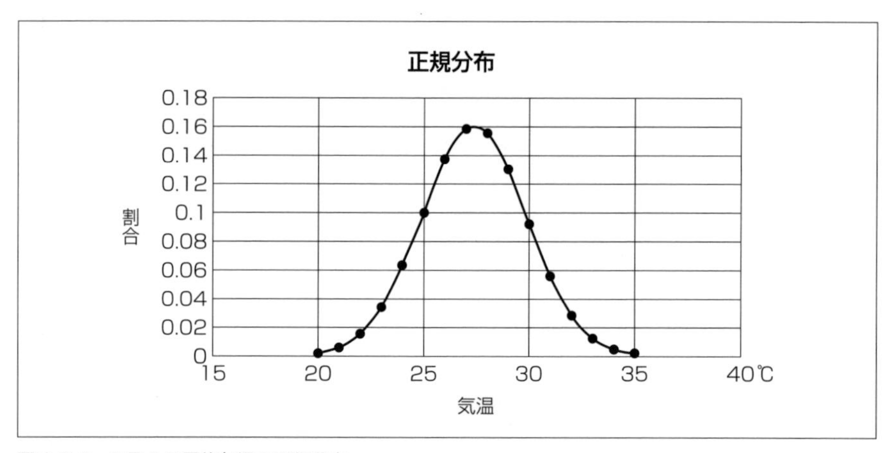

図6-3-2　8月1日平均気温の正規分布

6-4 相関と回帰
解析の狙い

IoTシステムで収集したデータを分析すると、いろいろな関係が分かります。例えば、気温が高いとビールが売れるとか、気温が下がればインフルエンザが流行するなど、一方が増えれば他方が増える、または減るといった関係を調べることで、関係性の強さ（相関）や予測をすることができます。

相関分析

図6-4-1は2016年の気温とビール類の販売数を散布図※に表したものです。気温と販売数に関係がありそうだということが分かりますが、その関係性を数値で示した方がより分かりやすく説明することができます。

相関分析という統計解析の手法を使うと、関係性を客観的に示すことができます。

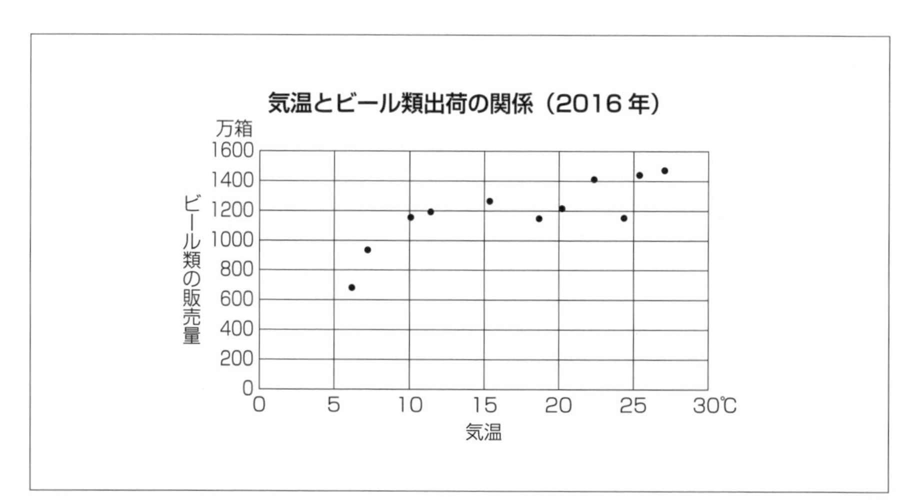

図6-4-1　気温とビール類の出荷箱数
出典：2016年1～11月のビール類（ビール・発泡酒・新ジャンル）課税出荷数量および、気象庁2016年東京都の月間平均気温を基に作成

※**「散布図」**：変化する2つのデータ値をx-y軸に取り、データ値をプロットした図のこと。

相関分析では､関係の強さを－１～＋１で示します。＋（プラス）は正の相関（ある値が増すと対象の値も増える）、－（マイナス）は負の相関（ある値が減ると対象の値が増える）があるといい、一般的に±0.7以上であれば、相関関係が強いといわれます。この相関係数は、Excelのcorrel（コリレーション）関数を使うことで簡単に計算することができます。図6-4-1のデータを入力すると相関係数は0.816となります。気温とビール類の販売数には強い正の相関関係があることが分かります。

回帰分析

相関関係が強いことが分かれば、気温が何度であればどれくらい販売ができるかを予測することが可能になります。「回帰分析」［多変量（例：気温と販売量）の関係を解析する手法］という手法を使って、回帰直線という１次方程式で表すことで予測することが可能になります。

図6-4-1のデータを基に回帰分析を行うと、図6-4-2の破線のような回帰直線(y=24.893x+762.38）を得ることができます。これは、気温xが1℃増えるごとに販売量yが約25万箱（24.893万箱）増えることを意味します。

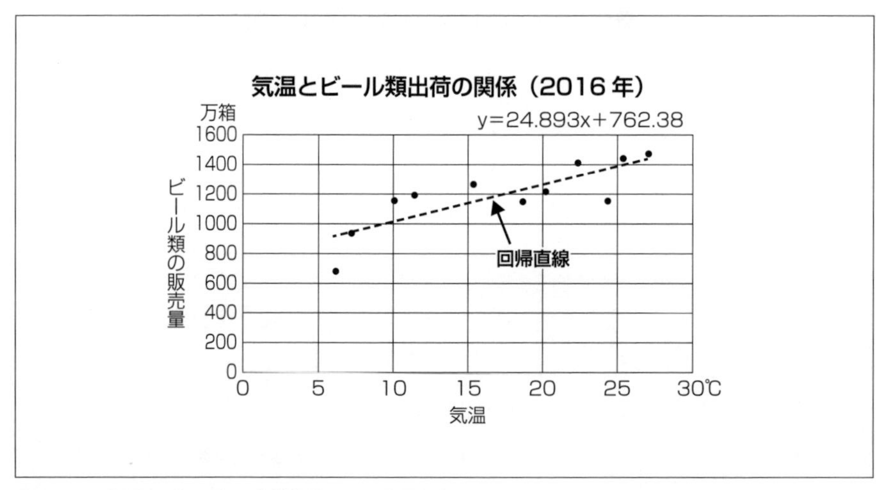

図6-4-2　気温とビール類の出荷箱数による回帰分析

関係性の強さ

図6-4-1は1～11月のデータでしたが、これに12月の情報を加えると図6-4-3になります。図の「矢印の部分➡」が12月の気温と出荷箱数のデータです。12月分のデータを加えることで、相関係数は約0.4となります。

一般的に相関係数は±0.7以上で強い、±0.7～±0.4でややあり、±0.4～±0.2で弱い、±0.2～0でほとんど相関なし、と判断します。これに当てはめると、12月のデータを加えた図6-4-3の相関係数は相関が弱いということができます。データを加えることで相関関係が弱くなるということは、12月の販売数は気温以外の要因により伸びている、ということが推測されます。

このように統計的手法を使ってデータを分析することで、データ間の関連性を調べたり今後の推測をすることができるようになります。

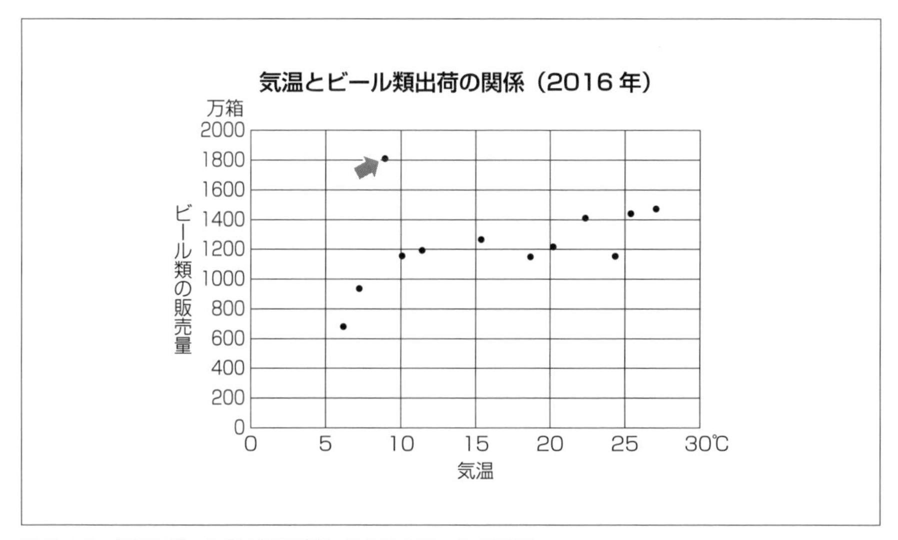

図6-4-3 気温とビール類の出荷箱数（12月のデータを追加）

6-5 統計と機械学習
機械学習の手法と利用シーン

データを分析する手法には、6-3～6-4節で解説した統計的手法の他に、機械学習と呼ばれる方法もあります。本節では、この2つの手法にはどういった特徴があるのか、実際にどういった分野で使われているのかを概説します。

統計的手法と機械学習

6-3～6-4節で解説した統計的手法は、データを説明することを中心に利用されます。

例えば、国勢調査は日本に住む全ての人や世帯を対象に出生年月や職業、住宅の種類などを調査､分析し行政の施策に活用しています。このように全てのデータ（母集団）を集めて特徴を説明する統計学を記述統計学といいます。

また、テレビの視聴率など全てのデータを調査できない場合、一部のデータ（標本）から全てのデータの特徴を推測する方法もあります。これを推測統計学といいます。

しかし、IoTデバイスから収集されるデータは大量かつ複雑なものとなっているため、こうした既存の統計学の手法だけでは分析が困難になっています。統計的手法を用いたデータ分析では、データの間の関連性を人が推定してモデルを構築した上で、そのモデルに含まれるパラメータ（関連性のある変数）を計算によって算出するという手順を行います。この方法は分かりやすく計算しやすいという利点がある反面、複雑な問題に対応しようとするとモデルの構築が難しいため適用しづらいという欠点があります。

この欠点に対して考え出された手法が機械学習です。機械学習では、モデルに含まれるパラメータを、計算によってではなく、大量の情報を使って学習することによって最適化します。この手法を用いることによって、IoTデバイスから収集されるビッグデータの中に潜む規則性を発見し、さらにその規則性を使ってデータを予測することが可能になります。

機械学習の実用例

こうした機械学習の手法は、以下のような場面で使われています。

・画像認識

画像認識とは、画像や動画から、文字や顔などのオブジェクト（対象物）やその特徴を認識し検出することです。例えば、はがきに書かれた郵便番号の数字を読み取ることや、監視カメラの画像に特定の人物が映っているかどうかを判別することなどが挙げられます。

・自然言語処理

自然言語処理とは、人間が日常的に使っている言語（自然言語）をコンピュータに処理させる技術のことです。例えば、迷惑メールを分類することや、英語を日本語に翻訳することなどが挙げられます。

・商品のおすすめ

商品を購入したときに、ユーザに対して合わせて買ってくれそうな商品を提案する機能で、多くのネット通販サイトで導入されています。この機能を実現するためにも、機械学習の仕組みが使われています。

・ゲーム

将棋や囲碁といったゲームの相手をコンピュータが行うということは昔から行われていましたが、近年では機械学習の仕組みを取り入れることにより、飛躍的に実力が向上することになりました。

6-6 機械学習とは
データからの学習モデル構築

データ分析手法の１つである機械学習は、画像認識や自然言語処理などの複雑な問題に対して、既知のデータからルールを学習し、そのルールを基にして未知のデータから結果を予測することを主な目的としています。本節では、機械学習にはどのような種類があるのかを概説します。

機械学習の種類

機械学習の手法には「教師あり学習」「教師なし学習」「強化学習」の3種類の手法があります。

①教師あり学習

例えば、手書き数字を学習させる場合、数字の画像データに、人間が「その数字が何なのか」ということ情報（正解データ）を付けたものを大量に作成し、その組み合わせを機械に学習させることによって、数字を認識できるようにしています。

また、大量に届くメールの中から迷惑メールを分類したい場合、いくつかのメールについて、迷惑メールかどうかの分類を手動で行い、メールの内容と迷惑メールかどうかの判定結果とを合わせて学習させます。このようにすることで、例えば「○○という単語がある場合には迷惑メールである可能性が高い」といったことを学習し、迷惑メールの分類を行うようにしています。

このように、学習の際に、データとともに「このデータに対する正解は何か」という正解データを使用して学習を行う学習方法を、「教師あり学習」と呼びます。

教師あり学習の具体例を図6-6-1に示します。

まず、学習に使うデータを用意します。例えば手書き数字の学習の場合、「手書き数字の画像データ」と、「その画像が何という数字であるのか」を組み合わせたデータを大量に用意します。このデータを学習させることで、「画像データから何という数字なのかを導き出すルール」を生成することができます。このようにして生成されたルールのことを、「学習モデル」といいます。

この学習モデルに対して、識別したいデータを入力すると、識別した結果が出力として返されます。この具体例では、手書き数字の画像を入力すると、その画像が何という数字であるのかを返すようになります。

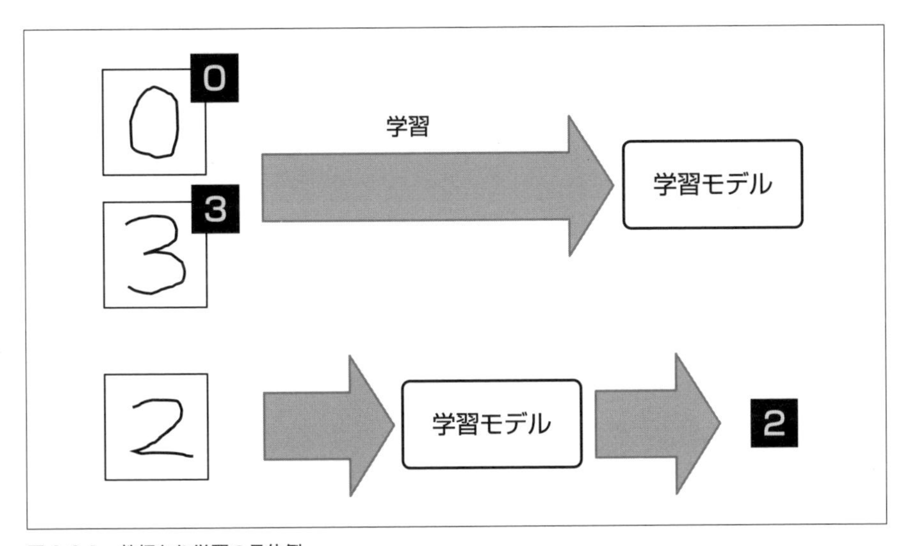

図 6-6-1 教師あり学習の具体例

②教師なし学習

一方、学習の際に正解データを付与できない場合もあります。例えば、ある商品を購入したときに、その商品と合わせて買ってくれそうな商品をおすすめしたいという場合に、人間には「どの商品を合わせて買ってくれそうなのか」が分からないため、教師あり学習を適用することができません。

このような場合には、正解データを使わずに、誰がどの商品を買ったかというデータを大量に学習させることで、どの商品とどの商品が近い関係にあるのかということを自動的に計算するような学習を行います。このように、学習の際に正解データを使用しないで学習を行う学習方法を、「教師なし学習」と呼びます。

③強化学習

この他に、将棋や囲碁などのボードゲームやテレビゲームの操作といった、「こちらが何らかの動作を行うと、それに対して周囲の環境が変化する」というような状況の下で、試行錯誤を行いながら環境の変化と得られる報酬を観測し、報酬（効果など）が最大になるような操作方法を学習するという学習方法があります。このような学習方法を、「強化学習」と呼びます。

6-7 深層学習とは
機械学習の進化

機械学習の分野の中で、近年、AIにおける深層学習（Deep Learning：ディープラーニング）と呼ばれる技術に注目が集まっています。深層学習を使うことによって、従来の機械学習では不可能だったさまざまな分野で機械学習を利用できるようになっています。本節では、深層学習について、その特徴や深層学習で使われるモデルやツールについて概説します。

機械学習の課題

6-6節では手書き文字の認識に機械学習を適用し、自動的にパラメータを最適化することができることを示しました。しかし、問題が複雑になった場合、データをそのまま学習モデルに入力するのでは良い結果が得られないことがあります。このような場合、あらかじめデータから特徴を抽出しておき、その特徴を学習モデルに入れるという手法を取る必要があります。例えば、文字を認識するためには、「画像に縦棒があるか」とか「曲線があるか」などといった特徴を抽出し、それを学習モデルに入れるという手法が必要です。

このとき、どのような特徴を取り出すかという点について、従来の手法では自動化をすることができず、問題の特性を基に人の手でどの特徴を抽出するのかを設計する必要がありました。そのため、特徴抽出が難しい問題（例えば、人の顔の画像から誰であるかを認識すること）には機械学習を適用することは困難でした。

深層学習の原理

この問題に対して考え出された手法が深層学習と呼ばれる手法です。深層学習では、脳の神経回路をモデル化したニューラルネットワークと呼ばれるモデルを用いて学習を行います。深層学習で使われるニューラルネットワークの構造を、図6-7-1に示します。このモデルでは、入力層と出力層の間に複数の階層が形成されています。入力層と出力層の間にある階層のことを「隠れ層」といい、この隠れ層が複数存在しているモデルを使って行う学習を、深層学習と呼びます。

深層学習では、何層もの階層（隠れ層）の中を何度も繰り返し学習を行うことで、「特徴を抽出する層」が自動的に形成されるようになっています。このため、人が特徴を定義することなく、コンピュータに自動的に特徴を抽出させることができます。

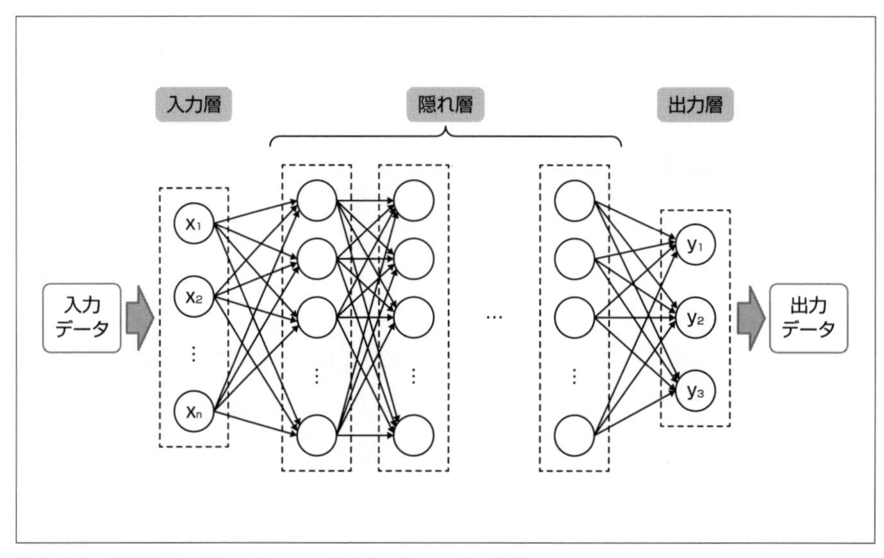

図6-7-1　深層学習で使われるニューラルネットワークの構造

深層学習の歴史と活用

深層学習の概念は1980年代からありましたが、実行するには多くのデータと大量の計算が必要なため、実用的な識別を行うことができませんでした。しかし、近年のインターネット技術の進歩およびコンピュータの高性能化によって、深層学習を実際の問題に適用できるようになりました。

2012年に行われた画像認識コンテストILSVRC 2012（ImageNet Large Scale Visual Recognition Challenge 2012）において、トロント大学のチームが深層学

習を使った画像認識プログラムを用いることで、圧倒的な正解率の高さで優勝しました。このことがきっかけになり、深層学習が急速に広まることになりました。

深層学習の代表的な用途として、与えられた画像が何を表しているのかを判別する画像識別の分野があり、手書き文字の認識や医療画像の解析、自動運転の際に使われる車や標識の検出などに使われています。また、画像認識以外の分野では、音声をテキストに変換する音声認識や、自然言語を解析して翻訳を行うといった分野でも用いられています。さらに、画像を生成する学習モデルを使用することによって、学習データに似た画像を生成するといった、認識以外の分野にも深層学習が使われるようになっています。

隠れ層の構造にはいくつかの種類があり、使用するデータや識別の目的に応じて最適な構造を使う必要があります。代表的なものとしては、画像認識分野で広く使用されている畳み込みニューラルネットワーク[※1]（CNN：Convolutional Neural Network）、音声など時系列データの学習で利用されている再帰型ニューラルネットワーク[※2]（RNN：Recurrent Neural Network）などがあります。

深層学習に使われるライブラリ

深層学習では、複雑な計算を大量に行う必要があります。そのため、深層学習のプログラミングを効率的に行えるようにするためのさまざまなライブラリが公開されています。これらのライブラリの多くはオープンソースソフトウェア（OSS）となっており、利用者が簡単に使い始めることができます。

代表的なディープラーニングのライブラリとして、米国カリフォルニア大学バークレイ校で開発されたCaffe（カフェ）、米国グーグルによって開発されたTensorFlow（テンサーフロー）、米国フェイスブックによって開発されたPyTorch（パイトーチ）などがあります。

※1 **「畳み込みニューラルネットワーク」**：順伝播型のニューラルネットワークの一種で、画像認識処理や自然言語処理に使われます。

※2 **「再帰型ニューラルネットワーク」**：有向閉路を持つニューラルネットワークの一種で、音声認識、強化学習によるロボットの行動制御などに使われます。

6-8 深層学習の適用例
システム構築の流れ

6-5節で述べた通り、機械学習や深層学習はすでにさまざまなシステムで活用されています。本節では、IoTを活用したシステムに深層学習を適用した例として「顔認識システム」を取り上げ、システムを構築するためにどのような手順が必要かについて概観します。

顔認識システム

顔認識システムは、カメラなどで撮影された画像に、誰が映っているのかを識別するシステムです。例えば、街中に設置された防犯カメラに映った人物の顔画像を認識し、あらかじめ登録された顔と一致した場合には、通知を行うといったシステムが考えられます。

このようなシステムを構築する際に、深層学習を用いることができます。システム構築の際には、まず学習を行い、精度の高い識別が可能な学習モデルを生成する必要があります。その後、生成した学習モデルを利用することで、実際の顔画像認識を行います。この例では、前者を「学習フェーズ」、後者を「識別フェーズ」と呼称します。

学習フェーズ

学習フェーズの概要を図6-8-1に示します。学習フェーズでは、まず識別する人の顔画像データを収集します。このとき、顔画像データに対し、その画像が誰のものであるのかを示す正解ラベルを付与しておく必要があります。その後、収集した画像を、「学習用データ」と「評価用データ」の2種類に分割します。

次に、学習に使うニューラルネットワークを目的に応じて選択します。例えば、顔画像認識の場合は、6-7節で挙げたCNN（Convolutional Neural Network、畳み込みニューラルネットワーク）がよく使われます。

学習用データとニューラルネットワークを使い、学習を実行します。学習には画像処理と同様に多くのベクトル計算が必要となるので、GPU（Graphics Processing Unit、画像処理を行う主要な部品の1つ）を搭載したコンピュータが広く用いられます。6-7節で挙げた深層学習用のツールは、このようなGPUを簡単に使えるように設計されています。また、GPUを搭載したコンピュータは高価であるため、クラウドサービスとして、GPU搭載コンピュータを利用できるサービスも多数の企業から提供されています。

ある程度学習が進んだ段階で、学習の進み具合の評価を行います。評価の際には、学習用データとは別に用意された評価用データを用いて、学習を進めながら適宜識別率を確認します。識別率が目標の識別率を上回れば学習を終了します。このとき、学習の仕方によっては、学習用データに特化したパラメータが学習されてしまい、未知のデータに対してうまく予測できなくなることがあります。これを「過学習」と呼びます。学習を繰り返しても識別率が目標に達しない場合は、使用するニューラルネットワークやデータの個数などを見直す必要があります。

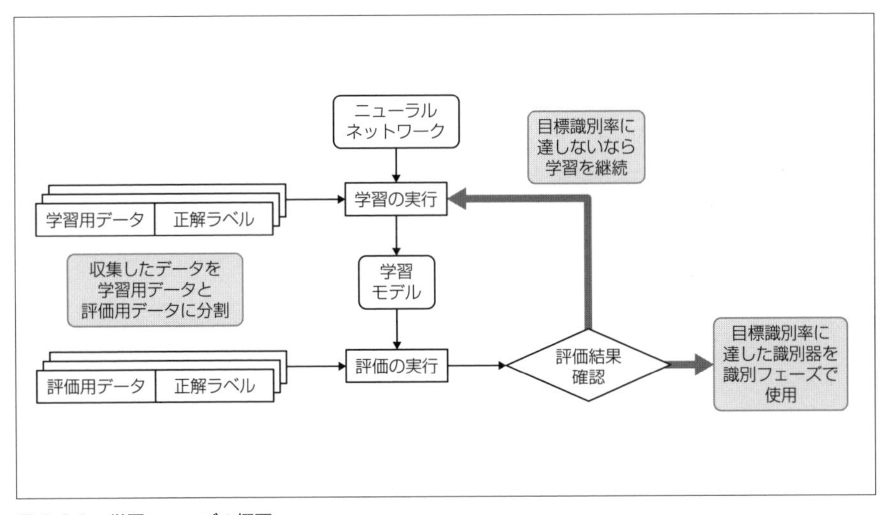

図6-8-1 学習フェーズの概要

識別フェーズ

識別フェーズの概要を図6-8-2に示します。識別フェーズでは、実際にカメラによって撮影された顔画像を識別します。カメラは複数設置されることが一般的であるため、カメラで撮影された画像全てを直接識別用コンピュータに送るのではなく、カメラと識別用コンピュータの間のカメラに近いところに設置されたコンピュータで前処理として、画像に人が映っているかどうかの判別、および顔画像の抽出を行います。その後、前処理コンピュータで抽出された顔画像のみを識別用コンピュータで識別するように構成することで、システムの通信量を削減することができます。1-4節で定義されたIoTシステム構成に照らし合わせると、①カメラ、②前処理コンピュータ、③識別コンピュータの3種類の装置は、それぞれIoTデバイス、IoTゲートウェイ、IoTサーバに相当します。

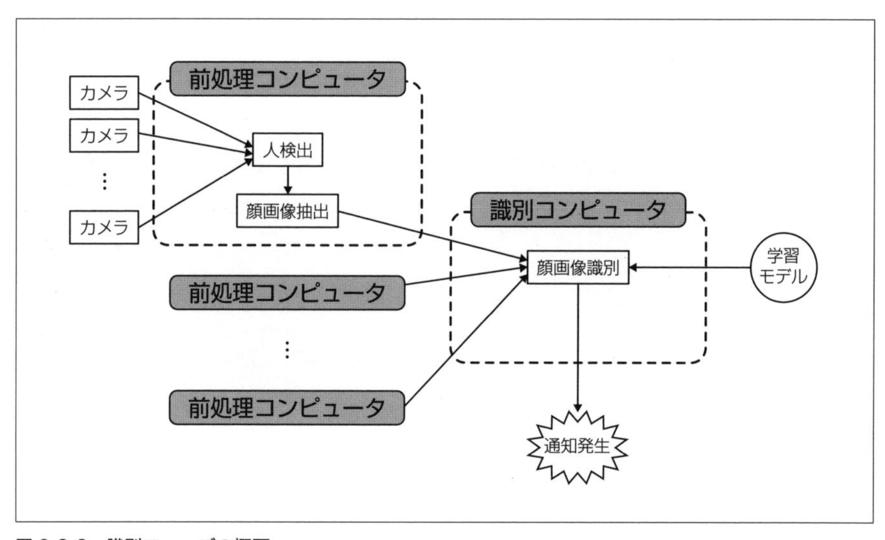

図6-8-2　識別フェーズの概要

column GAN -Generative Adversarial Networks-

GANは、Ian J. Goodfellowらにより2014年に論文発表(※1)され、本物と区別の付かない画像を生成するなどの非常に高い成果を上げています。

GANの仕組みは、偽造紙幣を作る偽造犯（生成器）と、偽造紙幣を見分ける警察（識別器）の間のいたちごっこ（図1）に例えられます。偽造犯はより本物に近い偽札を作って警察の鑑定の目をかいくぐろうとし、警察は精巧な偽札を見分けられるように技術を磨き上げます。この敵対的（Adversarial）な立場の二者がお互いのレベルを高め合うことで、本物と見分けが付かないリアルな偽札を生成（Generative）できます。

GANは、図2に示すように、Generator（図2：生成器、偽造犯役）とDiscriminator（図2：識別器、警察役）の2つの部分で構成されます。上記の偽札の例において、生成器はノイズベクトルを入力として、識別器でも真贋の見分けが付かないような画像を生成できるように訓練され、識別器は生成器が生成した画像を偽物であると見分けられるように訓練されます。したがって、このGANの成果物は、偽札ということになるので、犯罪に加担している技術ともいえなくはないです（悪用厳禁ですよ！）。

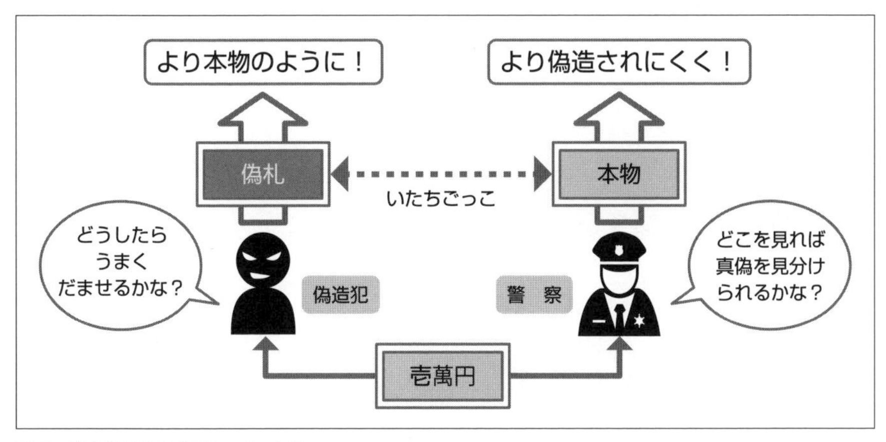

図1　偽札偽造犯と警察の「いたちごっこ」

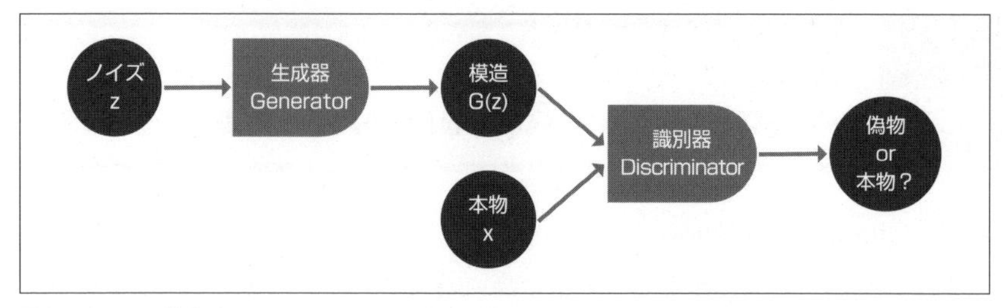

図2　GAN の構成

GANには、さまざまな派生があります。DCGAN（※2）では、意味演算の考え方を導入し、「サングラスをかけた男」-「男」+「女」=「サングラスをかけた女」という画像意味演算のようなこと（図3）ができます。CGAN（※3）では、昼間の画像から夜間の画像を生成したり、縁取りされた絵に色付けを行ったりすることができます（図4）。

（※2）https://arxiv.org/abs/1511.06434　（※3）https://arxiv.org/abs/1611.07004
（※4）https://github.com/phillipi/pix2pix　（※5）https://colourise.sg/

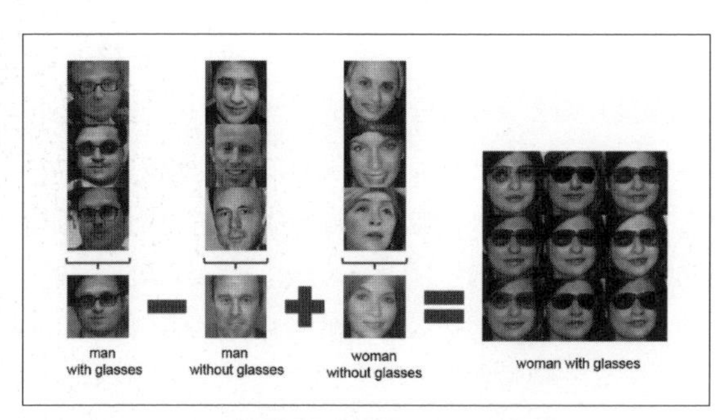

図3　DCGAN の画像生成の応用例 (*2) より抜粋。

図4　CGAN の画像生成の応用例 (*3) より抜粋。

第7章

情報セキュリティを知る

IoTの普及とデータの有効活用のためには、安心して安全にIoTシステムを活用できることが必須条件です。特に、IoTシステムでは、従来の情報システムと比べ、より多数のIoTデバイスを扱うことになり、情報セキュリティに対する対策は重要度を増していると考えられます。

本章では、IoTシステムにおけるネットワーク／デバイス／運用の3つの面から、セキュリティ対策を説明します。また、IoTデータをより有効に活用するために必要な、著作権、プライバシー保護、匿名化についての対策概要を説明します。

7-1 IoT セキュリティ対策の概要
IoT で求められるセキュリティ対策

セキュリティ対策は IoT に限らず、コンピュータシステム全般におよぶ課題であり、財産や権利を外敵から守り、システムを健全に稼働させることを目的としています。IoT の場合も同様であり、さらに IoT 特有のシステム構成などの理由から、新たなセキュリティリスクも生まれています。本節では、IoT 全般に対するセキュリティの脅威、法制度ならびにセキュリティガイドラインなどの概要を見ていきます。

IoT 特有のセキュリティリスク

インターネットの普及が始まった1990年代以降は、クレジットカードなど多くの個人情報を扱うようになり、セキュリティ不備による被害の大きさが社会的規模での懸念事項となりました。2001年以降、セキュリティ対策に関する認定制度や法制度が整備されてきました。2010年代となって、IoTやフィンテックなどのシステムが生まれると、それに伴った新しいセキュリティリスクが問題となり、現在は政府を巻き込んでの対策が急務となっています。

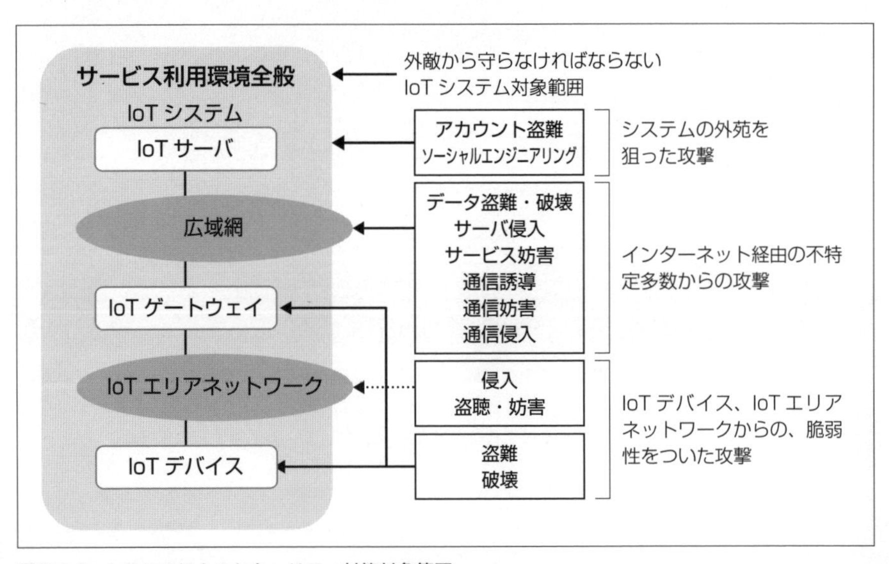

図 7-1-1　IoT システムのセキュリティ対策対象範囲

IoTシステムで守るべき対象範囲のイメージを、図7-1-1に示します。セキュリティ対策の範囲としては、センサなどIoTデバイスの構成部品からサービス利用環境全般にわたる広い範囲となります。さらにセキュリティ対策に当たっては、1か所でも弱い個所があれば全体的な強度もそれに合わせて弱くなり、結果システム全体が多大な被害を受けることになります。このため、セキュリティ攻撃に対して、守るべき対象全体を網羅しバランスの取れた対策強化が必要です。

特にIoTでは、IoTシステム自体が地理的に広範囲に配置されることがあり、さらに膨大な数のセンサやデバイスを管理、制御する必要があることから、従来にない発想に基づいたセキュリティ対策が必要になります。

一般的なリスク対処法

ICT（情報通信技術）で確立されているセキュリティリスクへのアプローチは、IoTに対しても有効です。一般的にリスクと呼ばれるものに対しては、図7-1-2のようなフレームワークを使い、次に示す対策を選定します。

①リスクのある機能を削除し、リスク発生をなくす「回避」
②リスクの発生や被害度を低く抑える「低減」
③リスクのある部分を自社以外の組織や他のシステムに置き換える「移転」
④リスクが十分小さく許容範囲としてリスクを受け入れる「受容」

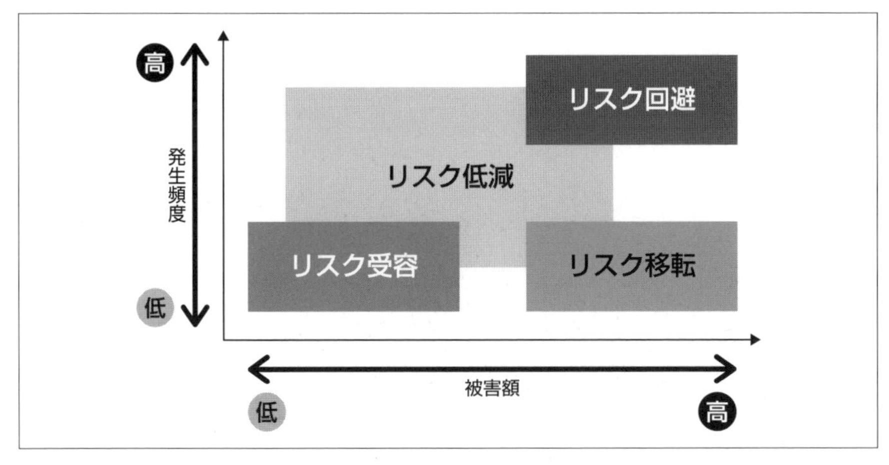

図7-1-2　リスク対処法のフレームワークの概念
出典：情報処理推進機構「つながる世界のセーフティ & セキュリティ設計入門」を基に作成

セキュリティ対策を実施する対象を洗い出すには、次に示す「情報セキュリティの分類」を利用し、またセキュリティ対策として満たすべき要件は「情報セキュリティの3要件」から漏れなく検討する必要があります。

①情報セキュリティの分類

・物理セキュリティ

防災、防犯、データバックアップ、電源供給、通信回線

・論理セキュリティ

システムセキュリティ……認証、データ暗号化、アクセス制御

人的セキュリティ………セキュリティポリシー策定・運用、人材育成

②情報セキュリティの3要件

・機密性（Confidentiality）

許可されないものに対し、アクセス不可とする（漏えいしてはならない）

・完全性（Integrity）

情報の正確さや完全さを保つ（記載ミスや改ざんがあってはならない）

・可用性（Availability）

権限がある人が確実に情報へアクセスできる（破損や紛失しないことも含む）

セキュリティ対策・情報に関連する公開情報

セキュリティについては、独自対策で完結することは難しく、法制度の遵守や、設計・開発手法として取り入れるべきガイドライン、IoT技術標準として規定された要件など、外部公開情報を取り入れるといったアプローチも重要となります。表7-1-1に主な情報源を示します。

情報源	内容
oneM2M	M2M/IoT プラットフォームの国際標準規格。セキュリティは、CSE※（共通サービスエンティティ）の 1 つとして規定している。2016 年 8 月リリース 2 が最新版
個人情報保護法	2005 年 4 月に施行された。企業の持つ個人情報データベースを明確化し、次の 5 原則を義務付けた。「利用方法による制限」「適正な取得」「正確性の確保」「安全性の確保」「透明性の確保」。2017 年 5 月の改訂では匿名情報の利活用に向けた内容が追加され、収集データの内容項目にも注意する必要がある
サイバーセキュリティ基本法	2014 年 11 月に制定された。国家関与への可能性のあるサイバー攻撃の拡大に備え、国家のサイバーセキュリティ対策方針を示したもの
小さな中小企業と NPO 向け情報セキュリティハンドブック	NISC（内閣サイバーセキュリティセンター）による、企業向けのセキュリティガイドライン。2019 年 3 月公開
つながる世界の開発指針	IPA（独立行政法人 情報処理推進機構）による、IoT 開発における注意事項を 17 項目でまとめたガイドライン。2017 年 6 月第 2 版
IoT 開発におけるセキュリティ設計の手引き	IPA（独立行政法人 情報処理推進機構）による、IoT 機器およびその使用環境で想定されるセキュリティ脅威と対策を整理したガイドライン。2016 年 5 月公開
IoT セキュリティガイドライン	IoT 推進コンソーシアムによる、セキュリティ対策ガイドライン。2016 年 7 月 第 1 版
カメラ画像利活用ガイドブック	IoT 推進コンソーシアムによる、カメラ画像利活用と配慮事項をまとめたガイドライン。2018 年 3 月公開
ISO/IEC/JISQ 27001 ISMS	Information Security Management System 2001 年 4 月より開始され、通称 ISMS と呼ばれる。企業や団体のセキュリティ対策活動を奨励し認定する制度
ISO/IEC27017	クラウドセキュリティ認証 2015 年 12 月より開始。ISMS のオプション制度として、事業者の提供するクラウドサービスのセキュリティ活動を認定する
ICE 62443-2-1 CSMS	Cyber Security Management System 2014 年 7 月より開始。産業用オートメーション、制御システムを対象とするセキュリティマネジメントシステム
ISO/IEC9899	C 言語によるコーティングの安全性を目指したガイドライン。 2018 年 6 月の ISO/IEC9899:2018 が最新

表 7-1-1　セキュリティ対策策定時の参考情報

※**「CSE」**：Common Service Entity。共通サービス機能。

7-2 ネットワークのセキュリティ対策

便利なアクセス経路が、悪用されないために

スマートデバイスを使って、「いつでも、どこからでも」インターネットにアクセスできるモバイル環境が整っています。個人のライフスタイルにおいても仕事の業務処理においても、ネットワークに簡単にアクセスできるモバイル環境は格段の利便性がもたらされます。反面、ネットワークが悪用されてしまうと、「侵入」「盗聴」「妨害」の手段とされてしまい大変危険です。本節では、ネットワークを中心にセキュリティ対策の具体的な方策を説明します。

サーバ、ゲートウェイでの一般的なセキュリティ対策

ネットワークを介したサーバやゲートウェイ（相互接続装置）への攻撃に対する一般的なセキュリティ対策を、以下に示します。これらの対策は、IoTにおいても有効です。

①ファイアウォールによるブロック

ネットワーク中継部分にファイアウォール機器、機能を設置して、不要な通信を遮断することでセキュリティ対策を行います。通信制御機能を持たないIoTデバイス群を守るために、ファイアウォールの設置が有効となることもあります。通信要否の判断条件はさまざまで、時間帯、URL、IPアドレス、通信プロトコルや通信方向などがあります。ファイアウォールを運用するにはルールの設計、つまり条件を組み合わせて通信可否を定義する必要があります。ルール設計の方針として主に次の2パターンがあります。

・ホワイトリストルール（Whitelist Rule）

必要な通信のみを明示的に許可し、それ以外の通信を全て破棄します。外部ネットワークから内部ネットワーク方向への通信のセキュリティ対策によく利用されます。

・ブラックリストルール（Blacklist Rule）

不要な通信のみを明示的に禁止し、それ以外の通信を全て許可します。内部ネットワークから外部ネットワーク方向の通信のセキュリティ対策によく利用されます。

アカウントは、その対象者が利用できるサービスや個人情報などの重要データとひも付いています。そのため、対象者がそのアカウントの所有者であることを確認する、つまり認証の仕組みが必要となります。次の3つの情報は、認証の手段として利用でき「認証の3要素」と呼ばれます。

・知識（Something you know）

知っていること、つまり代表的なところではパスワードです。他人に容易に推測されないよう、なるべく長い複雑な文字列をパスワードに設定し、辞書に載っている単語や誕生日などは使わないよう徹底します。

・所有（Something you have）

分かりやすい例は鍵ですが、IoTでよく使われるのは、ICカードやスマートフォンなど対象者本人しか持ちえないモノが認証手段に使われます。

・生体（Something you are）

生体認証〔バイオメトリック（Biometric）認証〕とも呼ばれ、指紋、静脈、虹彩、顔、音声など本人固有の生体情報で認証します。パスワードに加え生体認証やICカードを併用する多要素認証方式は、パスワードクラック※（被害に遭っても、セキュリティを維持できる強固な対策）となります。

③暗号化

無線LANの暗号化通信、ファイル暗号化などの仕組みを利用して、解読手段を知る本人以外には読み取れないようにすることで、情報の盗難を防ぎます。

※**「パスワードクラック」**：コンピュータの利用者から、本人認証に用いるパスワードを探り出す行為。

VPN（Virtual Private Network：仮想専用ネットワーク）

インターネットに代表される公衆網（Public Network）は、その利便性とは逆に、他のユーザや事業者と接続点を持つため、セキュリティ面の考慮が必要です。例えば、公衆無線LANは誰でも利用できる反面、攻撃者も利用する可能性が高く注意しなければなりません。

通信における対策として、関係者以外の通信が同じ経路に相乗りできないよう分離するアプローチが基本となります。1990年代以前は、高いコストをかけて専用網（Private Network）を構築することで設備上、通信を分離していました。2000年以降から進化してきたVPN技術は、公衆網上に専用の通信チャネル（通信回線）を仮想的に構築するもので、現実的なコストで盗聴や改ざんの対策ができる効果の高い手法といえます。

インターネットと通信事業者網におけるVPN技術を用いたセキュリティ対策を次に示します。

①インターネットにおける対策（インターネットVPN）

暗号化を利用して、通信対象ノード以外には通信内容が読み取れないことを前提とするVPN方式です。IPsec[※1]やSSL[※2]を利用したIPsec-VPNやSSL-VPNなどのインターネットVPNがあります。一般的なシステム構成（例）を図7-2-1に示します。図において、本社、営業所、工場などの各社内LANは、インターネットを介して仮想的な通信路で結ばれます。

TLS：Transport Layer Security。SSLと同じレイヤ4（トランスポート層でデータを暗号化）のセキュリティプロトコル。

※1「**IPsec**」：Security Architecture for the Internet Protocol。レイヤ3（ネットワーク層で暗号化）のセキュリティプロトコル。

※2「**SSL**」：Secure Sockets Layer。Netscape（ネットスケープ）によって開発された、レイヤ4（トランスポート層でデータを暗号化）のセキュリティプロトコル。WebサーバとWebブラウザとの間で暗号化し送受信するプロトコル。なお、SSLを汎用化して標準化されたプロトコルとしてTLSがある。

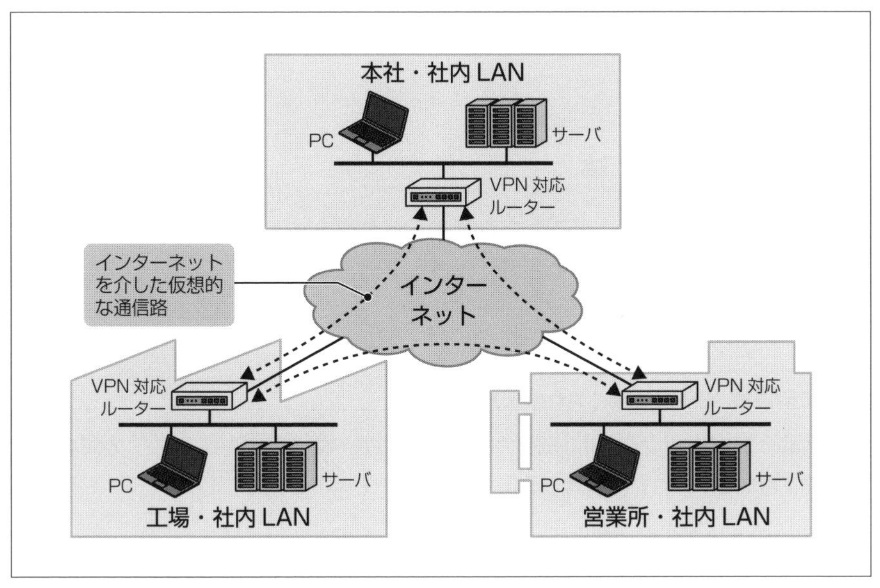

図7-2-1 インターネットVPNシステム構成（例）

②通信事業者網における対策（IP-VPN）

通信事業者網とは、通信事業者によって構築された、インターネットとは別の広域通信網（WAN：Wide Area Network）で、ユーザ企業向けのIP通信網です。さらにユーザ企業は通信事業者網に対して専用のVPN機器で接続することで、ユーザ企業ごとの通信チャネルが割り当てられます。この方式をIP-VPNと呼びます。

2000年代には、MPLS※1を利用したIP-VPNサービスやVLAN※2を利用した広域イーサネットサービスが、専用線に代わり普及しました。2010年以降はSDN※3によるネットワーク構成自動化の仕組みが登場し、同時に利用可能な通信チャネル数も1,000万を超えるオーバレイ方式のVPNプロトコルが策定されています。今後、

※1 **「MPLS」**：Multi-Protocol Label Switching。IPv4、IPv6、IPXなどさまざまな通信プロトコルに対応した、VPNプロトコル。通信事業者網をMPLS機器で構成し、網内はラベルによりイーサフレームをユーザ企業ごとに区別して転送する。

※2 **「VLAN」**：Virtual LAN。イーサフレームヘッダにタグ番号を追加することで、イーサネットをグループごとに分割する。

※3 **「SDN」**：Software-Defined Network。ネットワーク構成定義やトラフィック制御設定を自動化するための、技術やネットワークサービスの総称。特にクラウドと親和性の高い、ネットワーク仮想化のための主要技術として位置付けられる。アーキテクチャ構成は、アプリケーション層（ユーザに対してネットワーク構成サービスを提供する）、コントロール層（複数のネットワーク機器を制御する）、インフラストラクチャ層（仕様の異なるネットワーク機器を統一的に扱う）の3層からなる。

多数のユーザ企業が多数のIoTデバイスを接続するネットワーク向けに、SDNは有望視されています。

巧妙化する攻撃手法

振り込め詐欺のような、必ずしもコンピュータやネットワークによらない攻撃手法も増えており、社員の訓練や教育による心の備えも重要です。このような攻撃の主なものを以下に示します。

①標的型攻撃（Targeted Attack）

関係者を装った巧みな連絡内容のメールなどで、添付のマルウェア[※1]を開かせたり、不正なWebサイトへ誘導したりする攻撃。

②ソーシャルエンジニアリング（Social Engineering）

ネットワークに侵入するため、巧みな話術でパスワードなどの重要な情報を聞き出す方法。

③ショルダーサーフィン（Shoulder Surfing）

人の背後からパスワードなど秘密情報を機器に入力する画面を盗み見て、不正に入手する方法。ソーシャルエンジニアリング」の手口の1つ。

④内部不正

社員や委託業者が、機密情報を持ち出したりシステムを破壊したりする、といった内部要因のセキュリティリスク。違反時の罰則や社内規定を定期的に教育したり、取引先企業とNDA[※2]を締結したりする予防策も必要となる。

※1「マルウェア」：コンピュータウイルスやワームなど、悪意のあるソフトウェアの総称。

※2「NDA」：Non-Disclosure Agreement、秘密保持契約。機密情報や個人情報を第三者に開示しないとする契約。

7-3 デバイスのセキュリティ対策
ハードウェアやシステムでの防衛

IoT デバイスに関するセキュリティ対策は、前節のネットワークとはまた違った観点からのセキュリティ対策に留意する必要があります。IoT デバイスに、たとえ重要な情報が記録されていなくても、デバイスを「乗っ取られる」ことによって本来の機能が失われ、別のネットワークや IoT サーバを攻撃する踏み台になってしまうこともあり得ます。また、多数の IoT デバイスを使用するシステムにおいては、1 台の IoT デバイスに対して攻撃が成功すれば、システム全体に被害がおよぶと考えて対策を立てる必要があります。本節では、IoT デバイスを中心にセキュリティ対策について見ていきます。

IoT デバイス特有のセキュリティ対策

IoTデバイスは、一般的なパソコンやサーバに比べてセキュリティ対策の機能や能力は不十分です。以下のIoT特有の状況を踏まえ、対策を考える必要があります。

①システムリソース（メモリ容量やCPU 処理能力等）が少ないため、セキュリティ対策ソフトを組み込みにくい。

②デバイスの台数が多くさらに追加や入れ替えも行われるため、全台の状況を正確に把握管理できない。

③無人稼働させる状況のため、デバイスの異常動作、盗難あるいは悪用に気付けない。

管理ツールの導入

従業員が、個人所有のUSBデバイスなどを社内ネットワークに接続させ、業務利用するBYOD（ビーワイオーディ。Bring Your Own Device）のように、デバイス資源を有効活用する取り組みがあります。また逆に、業務デバイスを社外に持ち出すこともあります。いずれも、マルウェア持ち込み、情報漏えいや紛失などのリスクを伴います。そこで、MDM（Mobile Device Management）あるいはEMM（Enterprise Mobility Management）と呼ばれる端末管理ツールを全社導入する事例が増えています。MDMやEMMは、業務端末に関するセキュリティを管理者部門が統合的に管理できるようにするもので、主な機能は次の通りです。

・セキュリティ設定：システム管理者にて設定でき、ユーザが設定変更できないようにする。
・アプリケーション導入：アプリストアなどアプリケーションを、勝手にインストールできない。システム管理者が指定したアプリケーションが自動インストールされる。
・付加ツール：アンチウイルスやリモートデスクトップ等のセキュリティツールを提供する。
・暗号化：端末内のデータを暗号化する。
・コンテンツ管理：業務資料やデータなどのコンテンツについて、社内プライベートクラウド上に集約し端末内にダウンロードさせない。専用ツールによりコンテンツへアクセスさせ、端末ユーザに応じたアクセス権限管理（閲覧許可、コピー許可、電子メール添付許可など）も行われる。
・ログ：アプリケーションの利用統計データや端末の異常検知ログをシステム管理者へ送信する。
・位置検索：端末紛失時など位置情報から端末の位置を検索する。
・リモートロック：端末紛失時など遠隔から端末の機能制限をかけることで利用できないようにする。
・リモートワイプ：端末紛失時などネットワーク経由で端末のデータを削除する。

異変に備えた設計

IoTデバイスが故障や誤動作を起こすことを想定した、可用性対策が求められます。システムが何らかの異変を起こした際に、正常な動作に回復できる能力をレジリエンス（Resilience：回復力）と呼び、この観点でシステム設計段階から考慮します。

①頑丈性

気候、雨、風、ほこり、振動といった環境面の影響に対して、システムが稼働し続けられるように保護剤やケースで覆うなどの対策を行います。またシステムの部品点数を少なく単純に設計した方が、異変を起こしにくくなります。

②多様性、多重性

システムの機能が異変を起こした際に、代替となる別の機能があれば多様性が高いといえます。またIoTデバイスの予備機を設置しておく、通信の冗長経路を設けておくなど、同じ仕組みを複数用意する多重性の考え方もあります。いずれも、開発や運用コスト面とトレードオフの関係になります。

③回復速度

回復速度とは、システム機能が回復するまでの速さを評価するものです。異変が起きたIoTデバイスの修復速度とは異なる考え方として、異変がシステム全体へ波及しセキュリティ上の脅威とならないよう、システムからいったん切り離す機能も有効です。

セーフティ（安全性）設計

アクチュエータのような可動部分を持つデバイス、あるいはウェアラブルデバイスのように人体に触れるものについて、安全性へも配慮します。スマートフォンにて異常発火を起こした例では、対象製品の販売停止と回収に至る騒ぎとなりました。また、IPAから公開されている「つながる世界の開発指針」には、IoTシステムの設計段階にて、セキュリティとセーフティの整合に取り組む指針が記載されています。セーフティ観点として次のような例があります。

- 構成部品の配置間隔、余白スペースや耐久性に設計マージン(余裕)を持たせる。
- 誤操作やセキュリティ事故に対して、システムの反応を鈍くしアラートを上げる。
- 可動範囲を制限し、望ましくない可動タイミングで、ロックがかけられるようにする。

・鋭利あるいは尖鋭な構造個所を持たせない。またはそのような部分にガードを設ける。
・子供や動物が飲み込まないよう、筐体サイズや収納方法を工夫する。
・素材について、有毒なものや環境に有害なものを使わない。

盗難対策

屋外に設置して利用するIoTデバイスについては、物理的な盗難対策が必要です。興味本位もしくは機密情報収集の目的でデバイスが持ち去られることがあるためです。

①デバイスの設置方法を工夫する

高所や見えない位置に設置し、カバーなどで覆うなど盗難に遭いにくい工夫を行います。

②耐タンパー性を高める

耐タンパー性とは盗難に遭った際の内部情報へのアクセスの困難さを指し、次のような対策を行います。

・回路パターンを読み取られないよう筐体内を樹脂で満たす
・特殊ネジ、特殊インタフェースコネクタなど、物理的なアクセスを困難にする
・メモリデータをコピーされないようにアプリケーション上で自動消去する
・秘密鍵やデータを暗号化して内容が読み取れないようにする

ハードウェアによるセキュリティ機能

ハードウェア自体にセキュリティ機能を備えるものもあります。主な手法を以下に示します。

①セキュアブート（より安全な起動を可能とする技術）

Windows系パソコンのマザーボードに搭載された仕組みです。ブート（起動）時にあらかじめ署名登録されたファームウェア（電子機器に組み込まれたソフト

ウェア）やドライバプログラムを検証することで、異なるOSや改変されたファームウェアからのシステム起動を防止します。

② HSM（Hardware Security Module）

HSMとは、暗号鍵を安全に管理運営する専用ハードウェアです。HSMは、暗号鍵を内部に確保したままで暗号処理、電子署名などの機能を提供し、コンピュータからHSM機能を呼び出す形で使用します。図7-3-1に示すように、暗号鍵処理機能をHSMに分離し、コンピュータからHSM機能を呼び出す形とすることで、暗号鍵機能の安全性を確保しています。

③ ARM TrustZone（ARM標準のセキュリティ技術）

ARM製CPUのセキュリティ機能として提供される仕組みです。TrustZoneは、CPU拡張機能として実装されており、①通常のアプリケーションを実行する環境と、②セキュアなOSが動作するトラストゾーンの2つの仮想的な空間に分離されています。通常の環境からトラストゾーンの環境へのアクセスを制限することによって、安全性を確保しています。

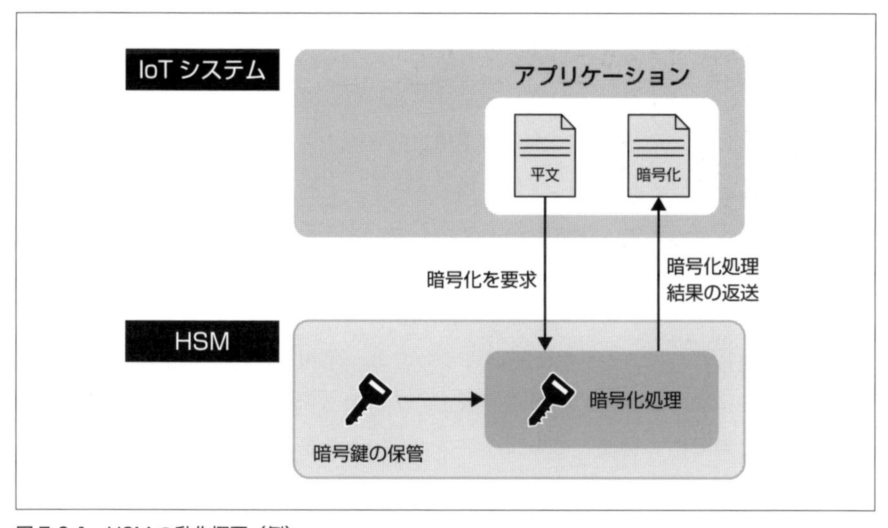

図7-3-1 HSMの動作概要（例）

7-4 運用のセキュリティ対策
日々の活動による運用面での対策

セキュリティ対策に当たっては、日々の運用も重要です。ソフトウェアの脆弱性に関しては毎日のように新しい脆弱性が見つかる状況で、さらに発見された日のうちにその脆弱性を狙った、ゼロデイ攻撃※1がインターネット上にあふれるため、常に緊急の対応が求められます。本節では、IoTシステム運用時の日々のセキュリティ対策について説明します。

IoTシステムの運用面における対策事項

まず、IoT特有のシステム運用に関してのセキュリティ注意事項と対策を見ていきます。

①買ってそのまま利用開始できるデバイス

特にIoTデバイスには、初心者向けのものや扱いやすさに配慮して、購入設置後そのまま利用開始できる製品が数多くあります。実際に、家庭用ルーター、ネットワークカメラ、プリンタなどが、ハッキングされ外から勝手に使われたり、いつの間にかマルウェア※2に感染して本来の使用目的と異なる悪質な挙動をしたりする被害が発生しています。対策としては、IoTデバイスを利用する前に、より強固な暗号方式を設定する、デフォルトのパスワードを変更するといったセキュリティ設定を行います。

同様に、IoTゲートウェイやサーバについても、悪用されるデフォルトの設定を変更し、認証に関する設定、暗号化の設定、アクセス制御設定を行う、また、不要なサービスを無効化し必要なセキュリティオプションを有効化するなどのカスタマイズすることが求められます。

②多数の／広域にわたって配備する／無人で運用するデバイス

IoTデバイスは、人の活動を助け代替する目的のために、管理が行き届きにくい場所や環境に設置されるものがあります。例えばセンシング※3目的で、山中、水中あるいは壁の中に埋め込まれます。またユーザが所有するIoTデバイスが増え、家庭から工場などあらゆる場所に設置されることになります。

このようなIoT特有の環境においては、全てのデバイスに対し管理が行き届かない懸念があり、いつどこにデバイスを設置したか覚えていない、デバイスが侵入されたり盗まれたりしても気付かない、急にデバイスからの応答がなくなっても「盗難なのか、故障なのか、バッテリー切れなのか」を切り分けできないなどといった、運用上の不安材料が考えられます。

このような課題の対策に当たっては、MDMなど管理ツールを活用して設備マネジメントを行う、また次項に述べる運用管理を計画実施し、普段から稼働状況や監視情報を収集しておくことで異変に気付けるようにする、といった仕組みの構築が重要となってきます。

③ IoT デバイスの長期運用

IoTデバイスは、バッテリーを搭載して間欠動作※1させ長期にわたって利用する目的で、数年からときに10年以上稼働し続けるものもあります。この場合、長期稼働に伴う可用性（Availability：システムが継続して稼働できる能力）を確保するため、次のような運用を計画的に行います。

- バッテリーや電池など消耗品を使っている場合、定期的に充電や交換を行う。
- センサについても時間が経つにつれ測定精度が変化するものがあり、定期的なキャリブレーション（校正、規格整合や測定感度のための調整）や交換を行う。
- 不要データがシステム内に蓄積する場合は、定期的な削除を行う。

※1「**ゼロデイ攻撃**」：Zero Day Attack。脆弱性が発見されてから修正プログラムが提供される日よりも前に、その脆弱性を攻略する攻撃。

※2「**マルウェア**」：コンピュータウイルス、ワームといった悪意のあるソフトウェアや悪質なプログラムコードの総称で、システムや利用者に対して有害な動作を行う。

※3「**センシング**」：センサを使って、さまざまな環境情報を採取したり判断したりすること。

④画像・動画データのアップロード

アップロードデータから個人情報が特定され、プライバシー侵害に至る可能性があります。また、メディアデータについては無断使用と見なされ、著作権侵害と判断されるケースにも注意を要します。このような著作権や個人情報といった法律面の対策については、次節にて扱います。

日々の運用管理

コンピュータシステムの可用性を維持するための運用方法を見ていきます。デバイスの数が多い場合は、運用監視システムを導入して一元管理することで運用効率の向上を図ります。

①ハートビート※2（死活監視）

ハートビートを使った死活監視により、そのデバイスが正常に稼働していることが確認できます。簡単に構築できる仕組みはping※3 (ICMP ECHO※4) を利用して、対象デバイスへの通信が途絶えた際にシステム管理者にメール通知して知らせるといったものです。

②性能監視

業務処理に伴って発生するシステムリソースへの負荷を監視します。CPU使用率やメモリ利用率などが監視項目の代表的なものです。例えば、DoS（Denial of Service attack、サービス妨害攻撃）を受けたサーバは、性能が極端に低下するので、この監視によって攻撃を検知できます。

※1 **「間欠動作」**：動作していない間はスタンバイ状態となり消費電力を抑え、定期的あるいは特定トリガーなどのタイミングにより限られた時間だけアクティブ状態となり目的の動作を行うこと。

※2 **「ハートビート」**：Heart Beat（心臓の鼓動）。ネットワークで接続されたパソコンや各種機器が、接続が有効であるかどうかを確認するために、定期的に送信する信号のこと。

※3 **「ping」**：ピンまたはピング。ネットワーク上にあるパソコン同士が正常に接続され、互いに通信できる状態になっているかどうかを確認するコマンド（命令）。ICMP ECHOを利用している。

※4 **「ICMP ECHO」**：Internet Control Message Protocol、インターネット制御メッセージプロトコル。「エコー要求メッセージ」が書かれたICMPパケットを相手に送信し、「エコー応答メッセージ」のICMPパケットが戻ってきたら、通信可能状態と判断する。

③ロギング（記録）

システム上のアクセスログや操作ログを、定期的に記録し収集します。ログから不正アクセスや侵入の痕跡がチェックできます。ただし、IoTデバイスによっては、リソース面の制約からログが記録できないこともあるため注意が必要です。

④バックアップ

サイバー攻撃や災害でシステムが破壊された際に、最後にバックアップを取った時点に遡ってシステムを復旧できます。定期的なバックアップ採取が重要です。

⑤セキュリティアップデート

ファームウェア、OS、ミドルウェアの脆弱性や不具合を修正するセキュリティアップデートを計画して実施することも重要な運用活動です。脆弱性の最新情報については、次の情報サイトから得られます。

・JVN（Japan Vulnerability Notes）http://jvn.jp/

日本で使用されているソフトウェアなどの脆弱性関連情報とその対策情報を提供する。

・JPCERT/CC （Japan Computer Emergency Response Team/Coordination Center、一般社団法人 JPCERT コーディネーションセンター）http://www.jpcert.or.jp/

日本国内で発生したセキュリティインシデント（攻撃事例）や特に緊急性の高い脆弱性やその対応方法について、情報提供する。

7-5 著作権とは
ビッグデータとAI創作物の著作権

IoTシステムでは、モノから送られてきた膨大なデータ（ビッグデータ）を使って、何らかの意味のある事象を解析し、これによって新規ビジネスが創出されることが期待されています。一方で、データの基となるビッグデータの中には、コンテンツなど著作権で保護されているデータが混在している可能性も考えられます。本節では、データ利活用のルールから来る著作権に対する考え方と、AIにより生成されるデータベースやAI創作物の著作権について概説します。

ビッグデータに含まれるコンテンツなどの著作権

収集されたデータにはさまざまな種類があり、それらのデータの利活用にもいくつかのルールがあります。例えば、図7-5-1に示すような、データ流通促進のためのルールや、データの権利を守るためのルールがあります。権利制限規定がない場合に、著作権のある情報を複製などするためには著作権者に事前に許諾を得ることが大原則です。

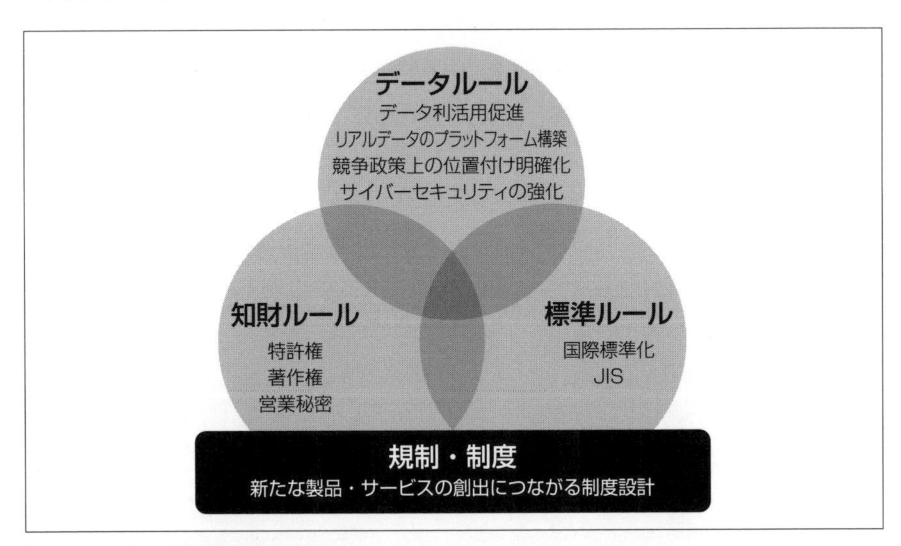

図7-5-1　データ利活用に関係するルール
出典：「新産業構造ビジョン」平成29年5月30日　経済産業省資料を基に作成

しかし、大量の情報を網羅的に取り扱う場合に、保護された情報とそうでない情報の区分や、大量の情報について個別に事前許諾を取ることは現実的に困難です。日本では、膨大な情報の中から必要とする情報・知識を抽出する情報解析技術の社会的意義などを考慮して、営利・非営利を問わず、コンピュータによる情報解析を目的とする場合の著作物の複製について、2009年に法改正が行われ、権利制限規定が導入されています（著作権法第47条の7[※1]）。

米国では、事前に許可を得ることが難しい場合を含めて、フェアユース[※2]に該当する事業について許諾なくサービスを開始することを、法的に許容する制度が設けられています。また、著作権者の扱いについては、あらかじめ制作者が著作物に対して利用許諾の意思を表示する、クリエイティブ・コモンズ・ライセンス（Creative Commons License：CCライセンス）が一部で導入されています。CCライセンスによって、利用者は著作者の了解を直接得ることなく、ライセンス条件の範囲内で自由に利用することが可能となります。

データベースの著作権

コンピュータのプログラムコードが、著作物として保護されることはよく知られているところです。データベースも、情報の選択や構成の体系化に創作性が認められる場合は、著作権法の保護対象となっています。

またデータベースについては、「秘密管理性」「有用性」「非公知性」の3要件[※3]を満たすことで、著作権法以外にも不正競争防止法や民法（不法行為責任）によって、保護される可能性があります。AIが作り出す、特定の機能を実現するモデルの権利は明確になっていませんが、その構築の過程でトレーニングを行った人や、

※1 **「著作権法第47条の7」**：情報解析のための複製等。ここで、情報解析とは，大量の情報から言語、音、映像等を抽出し、比較，分類等の統計的な解析を行うことをいう。

※2 **「フェアユース」**：米国の著作権法などが認める著作権侵害の主張に対する抗弁事由の1つである。著作権者の許諾なく著作物を利用しても、その利用が特定の判断基準のもとで公正な利用（フェアユース）に該当するものと評価されれば、その利用行為は著作権の侵害に当たらない。

※3 **「『秘密管理性』『有用性』『非公知性』の3要件」**：「秘密管理性：秘密として管理されていること」「有用性：事業活動に有用な情報であること」「非公知性：公然と知られていないこと（公開されている書物や学会発表論文等から容易に引き出せない情報であること）」。

トレーニングの学習用のデータセットを作った人の創造性が認められれば保護の対象となる可能性があります。

AIを使った創作物の著作権

すでに、音楽やロゴマーク、短編小説など比較的パターン化しやすい創作物については、AIによるオリジナルの創作が現実のものとなりつつあります。現在の知財制度上、AIが自動生成した創作物は、コンテンツか技術情報かを問わず、権利の対象外とされていますが、人間の創作物とAIによる創作物を外見から見分けることは、図7-5-2に示すように困難です。このため、本来は権利の対象外となるAIによる創造物であるにもかかわらず、権利のある創作物に見えるものが爆発的に増え、過剰な保護となる可能性が指摘されています。

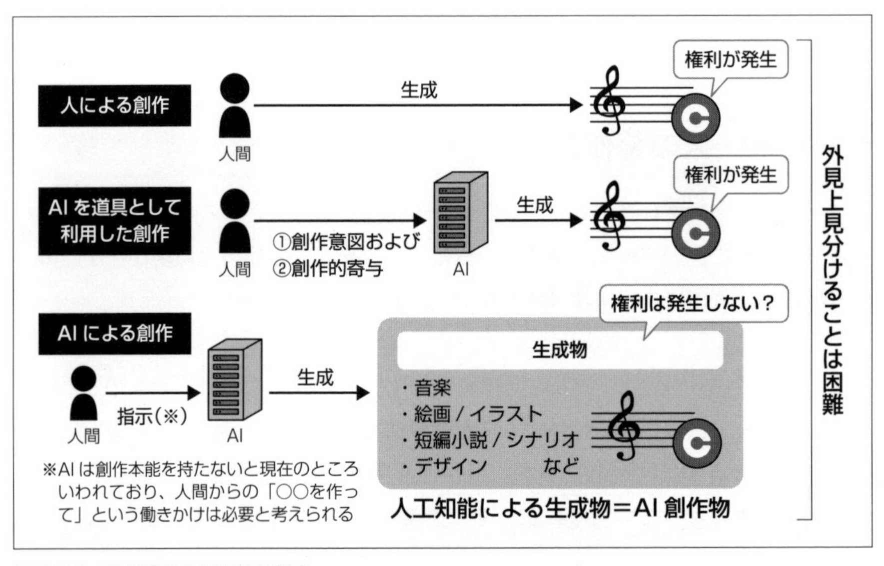

図7-5-2　AI創作物と現行知財制度
出典：内閣府知的財産戦略本部「知的財産推進計画2016」、2016年5月9日を基に作成

7-6 プライバシー保護の留意点

IoT システムにおけるプライバシー

情報システムにおいてセキュリティの重要性は議論する余地のないところですが、IoT システムにおける収集・通信・蓄積・分析・活用の各段階でセキュリティを確保することは重要です。セキュリティに加えて、さまざまな個人情報を自動的に収集する可能性のある IoT システムでは、プライバシーの保護にも十分配慮する必要があります。本節では、プライバシー保護に関する法制度の概要と IoT システムにおけるプライバシーについて見ていきます。

法制度

インターネット時代の高度な情報通信技術の普及に伴って、これまで以上に個人情報の適正な取り扱いが求められるようになってきました。2003年5月には「個人情報の保護に関する法律」※1が成立。また、ビッグデータ時代のデータ利活用促進の観点から、内閣IT戦略本部では「パーソナルデータに関する検討会」を発足、2015年9月には個人情報保護法が一部改定（改正個人情報保護法）され、2017年5月より全面施行となっています。

留意すべき点は、パーソナルデータ、個人情報、プライバシー情報の関係です（図7-6-1）。個人情報保護法で対象となるのは個人情報ですが、プライバシー情報は、「本人がプライバシーだと思う情報」で明確な範囲は定義できません。本人がプライバシー侵害に気付いていないことも多く、後で問題が顕在化してクレームの対象となる可能性があります。法制度的に問題がなくても、プライバシーデータの不適切な扱いで社会的な信頼が失われると、企業経営に深刻な影響を与えかねませんので注意が必要です。

EUでは一般データ保護規則（General Data Protection Regulation）、通称GDPRが2018年5月25日に施工されました。GDPRでは、個人データを第三国または国際機関へ移転することを禁止しており、データの移管が必要な場合は個別に強化を得る必要があります。EUはGDPRに加えて、電子通信プライバシー法を強化する作業を進めています。

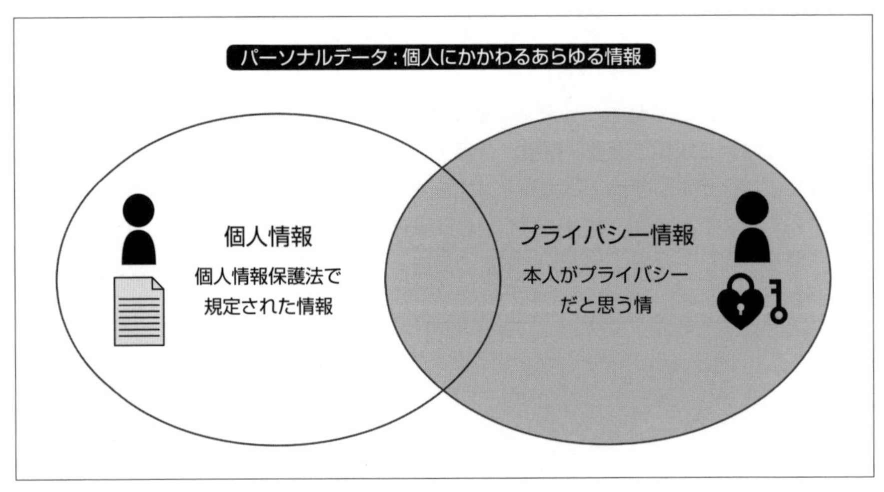

図7-6-1　パーソナルデータ、個人情報、プライバシー情報の関係

データ活用の留意点

人にかかわる情報量の増加と照合技術（文書や音声・映像データなどを照らし合わせて確かめる技術）の発展により、想定外のデータの突き合わせにより個人が特定できるケースが出てきました。収集するデータの経路上の安全を確保すると同時に、データを匿名化※2して慎重に活用する必要があります。データの匿名化については次節の7-7節で解説します。

IoTでは、収集した複数のデータを組み合わせることでプライバシー情報となる場合があります。監視カメラの顔画像は、AI技術を活用することによってSNSなどの情報と照合ができるようになっています。音声会話もプライバシー情報です。個人宅を例とした場合のパーソナルデータ例を図7-6-2に示します。またユーザの行動履歴は、単純な匿名化では長期的な分析や、駅での乗降数が少ないなどの条件から、特定されるリスクが高くなります。これら行動履歴から見えるプライバシー情報を図7-6-3に示します。これらのことから、IoTシステムではプライバシーにかかわる情報の収集に十分に注意してシステムを設計（プライバシー・バイ・デザイン※3）する必要があります。

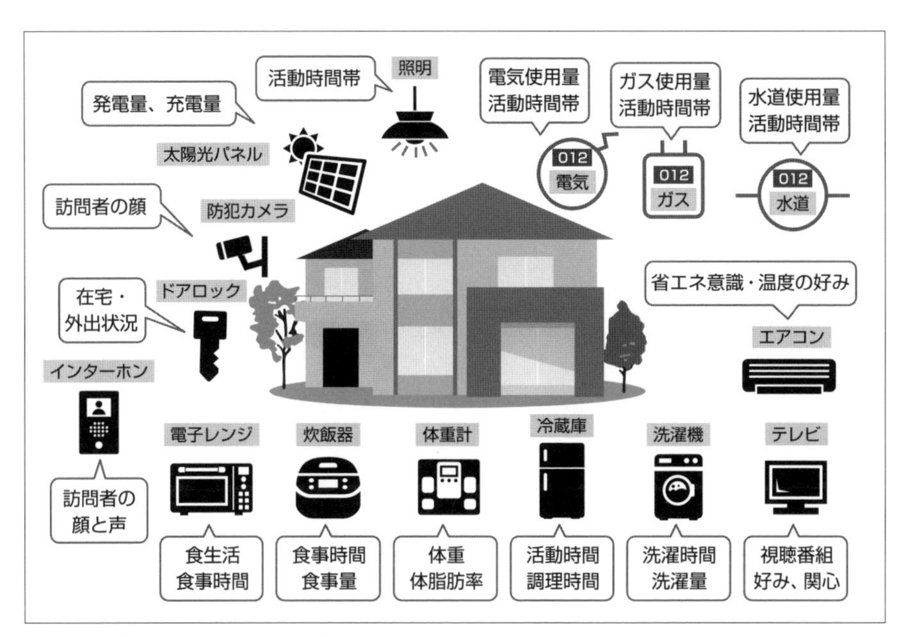

図 7-6-2　個人宅のパーソナルデータ

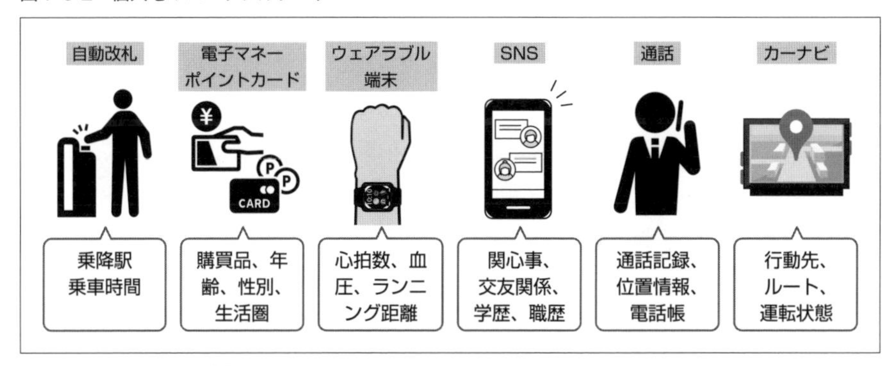

図 7-6-3　ユーザの行動履歴から見えるプライバシー

※ **1 個人情報の保護に関する法律**：通称「個人情報保護法」。個人の権利と利益を保護するために、個人情報を取り扱う事業者に対して個人情報の取り扱い方法を定めた法律で、2003 年 5 月に成立、2005 年 4 月に全面施行された。

※ **2** 特定の個人を識別できる情報（データ）は「個人情報」（個人情報保護法で規定された情報）といわれるが、これに対して個人を特定しにくくするように情報（データ）を加工することを「**匿名化**」という。

※ **3「プライバシー・バイ・デザイン（PbD：Privacy by Design）」**：プライバシー情報を守るための概念。「技術」「ビジネス・プラクティス」「物理設計」のデザイン（設計）仕様段階からあらかじめプライバシー保護の取り組みを検討し、実践すること。1990 年代にカナダのオンタリオ州情報・プライバシー・コミッショナー（プライバシー保護に関する独立監督機関）のアン・カブキアン博士が提唱した概念。
https://www.jipdec.or.jp/library/word/csm0kn0000000czi.html

7-7 匿名化技術とは
匿名化によるデータの利活用

IoTシステムでは、収集したパーソナルデータを利活用して、新たな付加価値を生むことが求められています。2015年9月に交付された「個人情報保護法」（個人情報保護法の一部改定）では、ビッグデータの有効活用を狙いとして、「匿名加工情報」に関する規定が取り入れられました。「匿名加工情報」とは、個人を識別することができないように個人情報を加工したデータで、当該個人情報を復元することができないようにしたものとされています。匿名化情報は、データの利用価値を損なうことなくプライバシーを確保する技術であり、データに含まれる名前や生年月日、住所といった情報を削除、もしくは変更を加えることで個人を特定できないようにする技術を指します。本節では、パーソナルデータの利活用に重要な匿名化技術とその課題について見ていきます。

匿名化データの評価指標

データの匿名性を評価する指標として、k-匿名性があります。同じ保護属性の組み合わせを持つデータが、k個以上存在するようにデータの変換や属性の一般化などを行うことを「k-匿名化」と呼びます。例えば、図7-7-1に示すように、同じ保護属性の組み合わせを持つデータが3個以上存在するようにした場合、「k-匿名性(k=3)を満たす」と呼びます。

さらに、k-匿名性を満たした状態で非保護の属性情報の値が少なくとも l（エル）種の多様性を持つ「l-多様性」や偏った分布による属性推定が起こらないようする「t-近似性」等が匿名加工情報の評価指標として挙げられます。

匿名加工情報の作成方法

匿名加工情報の具体的な作成方法について、経済産業省から「匿名加工情報作成マニュアル」※1が公開（2016年8月）されています。また、個人情報保護委員会※2から「パーソナルデータの利活用促進と消費者の信頼性確保の両立に向けて」という匿名加工情報に関連するレポート※3が公開されています。匿名加工情報を作成するための加工方法は、「①ユースケースの明確化、②識別子・属性・履歴の仕分け、③個人識別などに関連するリスクの抽出、④個人識別などに関するリスクを踏まえた加工方法の検討」の4つの検討プロセスに従って検討することが推奨されています。主な匿名加工方法には、属性の削除と仮名化、一般化、トップ（ボトム）コーディング、かく乱（ミクロアグリゲーション、ノイズ、データスワップ、疑似データ、レコード削除、サンプリング）等があります。代表的な匿名加工の例を図7-7-2に示します。

匿名加工情報作成の課題

改正された個人情報保護法（2017年5月全面施行）では、データの利活用のため、本人の同意なしに匿名加工情報を提供できるようになりました。ただし、匿名加工情報を作成する個人情報取扱事業者は、適正加工義務の他、情報の漏えいを防止するための安全管理措置、第三者に提供する場合の公表義務を負うことになります。また、提供された匿名加工情報は、個人情報にかかわる本人を識別するために、他の情報と照合してはならないとされています（識別行為の禁止）。ただし、集団の傾向やマーケットの動向を分析するために他の情報と照合することは、本人を識別するための照合には該当しないため、義務違反とはなりません。

※1 **「事業者が匿名加工情報の具体的な作成方法を検討するにあたっての参考資料」**：https://www.meti.go.jp/press/2016/08/20160808002/20160808002.pdf

※2 **「個人情報保護委員会」**：https://www.ppc.go.jp/

氏名	住所	生年月日	購買品
青山和夫	東京都千代田区霞が関 1-1	1980年12月1日	読売新聞、カップヌードル
鈴木次郎	神奈川県相模原市緑区橋本 6-2	1995年6月3日	カール、週刊アスキー、コーヒー

仮番号付加（仮名化）　属性削除　そのまま（非保護）

仮番号	氏名	住所	生年月日	購買品
6678		東京都千代田区霞が関 1-1	1980年12月1日	読売新聞、カップヌードル
3365		神奈川県相模原市緑区橋本 6-2	1995年6月3日	カール、週刊アスキー、コーヒー

一般化（町名以下削除）　一般化（月日以下削除）　一般化（カテゴリ化）

仮番号	氏名	住所	生年月日	購買品
6678		東京都千代田区	1980年	新聞、インスタント食品
3365		神奈川県相模原市緑区	1995年	菓子、雑誌、飲料品

グループ化して代表値に置き換え　疑似データ付加

仮番号	氏名	住所	生年月日	購買品
6678		東京都千代田区	1980年代	新聞、インスタント食品、菓子
3365		神奈川県相模原市緑区	1990年代	菓子、雑誌、飲料品

図 7-7-1　k- 匿名化
出展：内閣官房内閣広報室「匿名化技術の現状について」資料を基に作成
http://www.kantei.go.jp/jp/singi/it2/pd/wg/dai1/siryou2_3.pdf

会員番号	生年月日	住所	年齢	購買品
1001	1979.04.02	東京都中央区	34	パン、ガム、新聞、...
1002	1986.12.01	神奈川県横浜市	26	鉛筆、弁当、漫画、...
1003	1974.10.10	東京都渋谷区	38	ガム、アイス、チョコレート、...
1004	1991.05.04	神奈川県鎌倉市	22	書籍、新聞、電池、宝石、...
1005	2006.11.10	埼玉県川越市	17	化粧品、飴、アイス、...
1006	1990.02.10	神奈川県厚木市	23	時刻表、鉄道模型、カメラ、...
1007	2003.08.15	埼玉県浦和市	19	ネジ、ビス、ハンマー、...
1008	2000.10.31	埼玉県大宮市	9	肉まん、ガム、新聞、...
1009	1983.01.03	東京都練馬区	30	コーラ、弁当、雑誌、...
1010	1994.07.07	埼玉県与野市	18	ガム、ミネラルウォーター、栄養剤、...

削除　加工（保護）　そのまま（非保護）

会員番号	生年月日	住所	年齢	購買品
		東京都	30代	パン、ガム、新聞、...
		東京都	30代	ガム、アイス、チョコレート、...
		東京都	30代	コーラ、弁当、雑誌、...
		神奈川県	20代	鉛筆、弁当、漫画、...
		神奈川県	20代	書籍、新聞、電池、宝石、...
		神奈川県	20代	時刻表、鉄道模型、カメラ、...
		埼玉県	未成年	化粧品、飴、アイス、...
		埼玉県	未成年	ネジ、ビス、ハンマー、...
		埼玉県	未成年	肉まん、ガム、新聞、...
		埼玉県	未成年	ガム、ミネラルウォーター、栄養剤、...

3　3　4　K- 匿名性 (K=3) を満たした状態

図 7-7-2　代表的匿名加工の例
出展：IPA（独立行政法人 情報処理推進機構）「IoT 時代のパーソナルデータの保護と利活用」資料を基に作成
https://www.ipa.go.jp/files/000046424.pdf

7-8 暗号化技術とは

通信の安全性を担保する暗号化技術

IoT システムにおいて、データのセキュリティを確保するための重要な技術として暗号化技術があります。データへのアクセス権を制御する認証ではなく、通信経路上を安全に送受信するための暗号化は、IoT システムでは必須の技術です。本節では、通信経路における一般的な暗号化方式と鍵暗号化、ビットコインで注目を浴びたブロックチェーンについて見ていきます。

通信経路の暗号化方式

暗号化は、データそのものを何らかの方法で符号化※して、保存したり、通信したりする技術です。符号化されたデータは、暗号を復号化する鍵や方式が分からなければ、そのままでは情報を利用することができません。通信経路における暗号は、無線LANでの通信路の暗号化、セキュリティプロトコルによるデータの暗号化、データ改ざん検知などに分けられます。一般的に利用されている主な暗号化方式を表7-8-1に示します。

用途	暗号化方式
無線 LAN	WEP、WPA-PSK（TKIP）、WPA2-PSK（AES）
セキュリティプロトコル	SSL/TLS、S/MIME、IPSec、Kerberos
改ざん検知	デジタル署名

表 7-8-1　通信経路上の一般的な暗号化

共通鍵暗号と公開鍵暗号

暗号化では、鍵の使い方によって2つの方式があります。

共通鍵暗号方式は、送信者と受信者のみが知る共通の鍵（共通鍵）を使って暗号化と復号を行います。

※**「符号化」**：デジタルデータを、一定の規則に基づいた異なるデジタルデータに変換、圧縮したり、アナログデータをデジタルデータに変換すること。

これに対して公開鍵暗号方式は、公開鍵を使って暗号化し、秘密鍵を使って復号を行います。SSLでは、デジタル証明書※1と一緒に公開鍵を渡し、公開鍵で共通鍵を暗号化してサーバに送付します。この共通鍵を秘密鍵を使って復号することで共通鍵を安全に交換し、暗号化通信を行います。

ブロックチェーン

ブロックチェーン※2は、P2P※3や公開鍵暗号等の既存の技術の組み合わせによって、ビットコインなどの仮想通貨を支える技術およびシステムの総称です。

一番の特徴は、分散台帳を使って信頼性を全員で分担して担保する点です。利用者は、暗号学的乱数を生成して秘密鍵を作成し、これに楕円曲線を使った演算を行ってペアとなる公開鍵を作成します。さらに、公開鍵にハッシュ関数の演算を行って図7-8-1に示すように自らのアドレスを生成します。

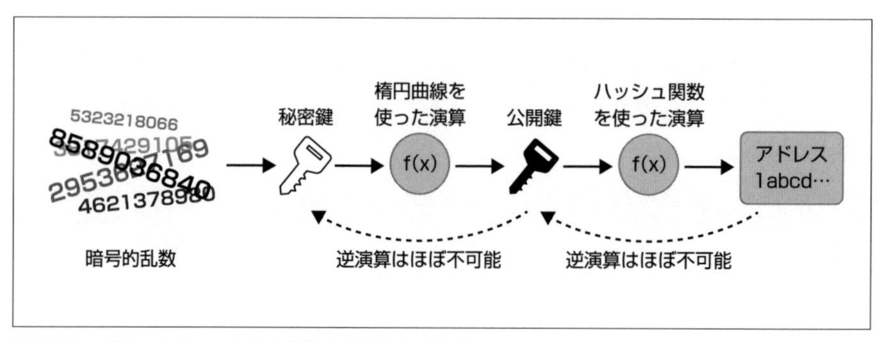

図7-8-1　ブロックチェーンの公開鍵とアドレスの生成

図7-8-2に示すトランザクション※4はこのアドレスを使って行われます。トランザクションのデータから暗号学的ハッシュ関数を使って求めたハッシュ値を利用者の秘密鍵で暗号化したものが署名となります。この署名を、公開鍵を使って復号した値がデータのハッシュ値と一致すると、ユーザが対象トランザクションを認めたことになります。これらのトランザクションは、図7-8-2に示すように、P2Pネットワーク上で公開され分散台帳に記録されることにより信頼性が担保される仕組みです。

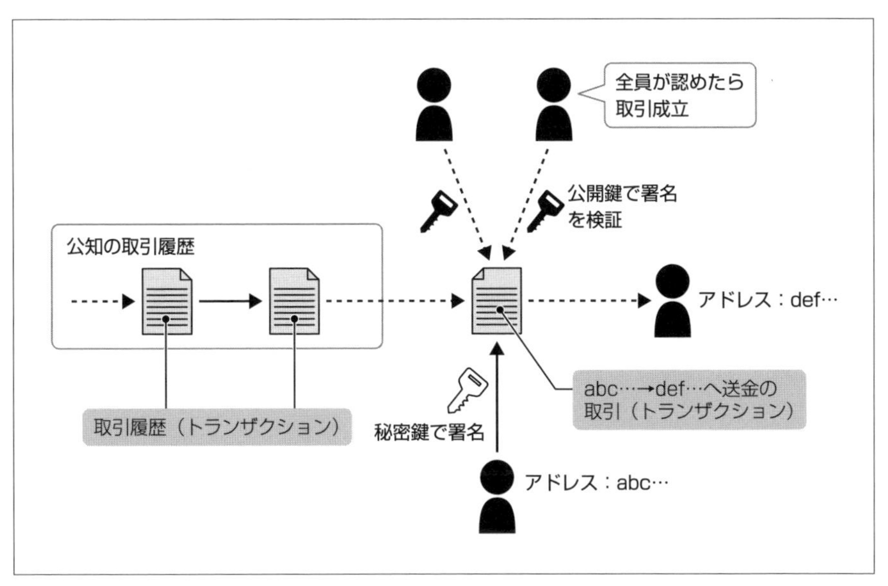

図 7-8-2　ブロックチェーンのトランザクションの成立

※1 **「デジタル証明書」**：デジタル証明書は、CA（Certification Authority）と呼ばれる証明機関により発行され、公開鍵とその所有者を同定する情報を結び付ける証明書である。

※2 **「ブロックチェーン」**：Blockchain。分散型台帳の連携。個々（各ブロック）の分散台帳を作り、それを相互に連携（チェーン）させて活用する仕組み。

※3 **「P2P」**：Peer to Peer（ピア・ツー・ピア）、対等通信。クライアント・サーバ・システムのように主従の関係がなく、全ての端末同士が対等に通信を行うこと。

※4 **「トランザクション」**：取引当事者間の一連の取引操作を指す。図 7-8-2 では、アドレス：abc…を持つ人とアドレス：def…を持つ人との間の取引が新たなトランザクション。

INDEX 索引

M

N

O

P

R

S

T

U

V

W

X

あ行

か行

さ行

た行

な行

は行

ま行

や行

ら行

執筆者一覧

執筆

安藤 毅史	日本電気株式会社
河添 智幸	シャープ株式会社
木南 雅彦	ソフトバンク株式会社
熊谷 裕行	NTT テクノクロス株式会社
小林 佳和	日本電気株式会社
小檜山 智久	株式会社日立産機システム
鹿間 勇士	KDDI 株式会社
清水 克洋	有限責任事業組合エン
清水 純平	株式会社富士通システムズウェブテクノロジー
高田 和典	KDDI 株式会社
長野 聡	株式会社日立製作所
波多野 健	株式会社東芝
原 康太朗	株式会社 NTT ドコモ
二川 勇樹	株式会社モバイルインターネットテクノロジー
柳澤 明信	日本ノーベル株式会社
李 成圭	ソニーモバイルコミュニケーションズ株式会社

監修

岡崎 正一	モバイルコンピューティング推進コンソーシアム

1975 年 3 月東京大学大学院工学系研究科修士課程修了。同年三菱電機株式会社入社、基本ソフトウェア開発、ネットワークシステム開発等に従事。主な著書『UNIX －基本操作から実践活用までー』、翻訳『PC パーフェクトガイド』等。2012 年より、MCPC（モバイルコンピューティング推進コンソーシアム）。電気学会会員。日本工学教育協会会員。技術士（情報工学）。博士（情報学）。

STAFF

カバーデザイン…… 株式会社デジカル
イラスト…………… 株式会社明昌堂
ISSHIKI（デジカル）
DTP 制作…………… ISSHIKI（デジカル）

編集顧問…………… 三橋昭和
編集長……………… 大塚雷太

■ 商品に関する問い合わせ先
インプレスブックスのお問い合わせフォームより入力してください。
https://book.impress.co.jp/info/
上記フォームがご利用頂けない場合のメールでの問い合わせ先
info@impress.co.jp
●本書の内容に関するご質問は、お問い合わせフォーム、メールまたは封書にて書名・ISBN・お名前・電話番号と該当するページや具体的な質問内容、お使いの動作環境などを明記のうえ、お問い合わせください。
●電話やFAXなどでのご質問には対応しておりません。なお、本書の範囲を超える質問に関しましてはお答えできませんのでご了承ください。
●インプレスブックス（https://book.impress.co.jp/）では、本書を含めインプレスの出版物に関するサポート情報などを提供しておりますのでそちらもご覧ください。
●該当書籍の奥付に記載されている初版発行日から３年が経過した場合、もしくは該当書籍で紹介している製品やサービスについて提供会社によるサポートが終了した場合は、ご質問にお答えしかねる場合があります。

■ 落丁・乱丁本などの問い合わせ先
TEL　03-6837-5016　FAX　03-6837-5023
service@impress.co.jp
（受付時間／ 10:00 ～ 12:00、13:00 ～ 17:30 土日、祝祭日を除く）
●古書店で購入されたものについてはお取り替えできません。

■ 書店／販売店の窓口
株式会社インプレス 受注センター
TEL　048-449-8040
FAX　048-449-8041
株式会社インプレス 出版営業部
TEL　03-6837-4635

IoT技術テキスト 基礎編 改訂2版
[MCPC IoTシステム技術検定基礎対応] 公式ガイド

2020年4月11日　初版発行

監　修　MCPCモバイルコンピューティング推進コンソーシアム
発行人　小川 亨
編集人　清水栄二
発行所　株式会社インプレス
〒101-0051 東京都千代田区神田神保町一丁目105 番地
ホームページ　https://book.impress.co.jp/

印刷所　株式会社廣済堂

ISBN978-4-295-00875-0　C3055
Printed in Japan